异步图书
www.epubit.com

算法超简单

童晶◎著

趣味游戏带你轻松入门与实践

U0265158

人民邮电出版社

北　京

图书在版编目（CIP）数据

算法超简单：趣味游戏带你轻松入门与实践 / 童晶
著. -- 北京：人民邮电出版社，2024.8
ISBN 978-7-115-63961-5

Ⅰ．①算… Ⅱ．①童… Ⅲ．①游戏程序－程序设计
Ⅳ．①TP317.61

中国国家版本馆CIP数据核字(2024)第056106号

内 容 提 要

本书通过趣味游戏编程讲解算法，提升读者学习算法的兴趣，降低读者学习算法的难度，增强读者将算法应用于编程实践的能力。

本书共 14 章，通过猜数字、飞翔的小鸟、得分排行榜、汉诺塔、八皇后、消灭星星、贪吃蛇、走迷宫、连连看、吃豆人、滑动拼图、井字棋、垒积木、十步万度等游戏，讲解顺序查找算法、二分查找算法、分析算法效率的大 O 表示法，图形库 EasyX，插入排序算法、冒泡排序算法、选择排序算法、快速排序算法、递归算法，暴力搜索算法、回溯算法，FloodFill 算法，常见的数据结构（数组、链表、队列、栈、图、树）、标准模板库（STL），十字分割算法、图的广度优先搜索算法、图的深度优先搜索算法、加权图上的迪杰斯特拉算法、贪婪最佳优先搜索算法、A*算法，状态空间上的搜索算法，博弈树的极大极小值搜索算法、α-β 剪枝搜索算法、递归回溯算法、动态规划算法，遗传算法。

本书适合想要学习基础算法或练习编程实践的读者阅读，也可作为高等院校数据结构与算法相关课程或编程实践课程的指导用书。读者在阅读本书之前需要具备基础的 C 语言编程知识。

◆ 著　　　　童　晶
　　责任编辑　龚昕岳
　　责任印制　王　郁　焦志炜

◆ 人民邮电出版社出版发行　　北京市丰台区成寿寺路 11 号
　　邮编　100164　　电子邮件　315@ptpress.com.cn
　　网址　https://www.ptpress.com.cn
　　涿州市般润文化传播有限公司印刷

◆ 开本：720×960　1/16
　　印张：16.5　　　　　　　　　　　　2025 年 4 月第 1 版
　　字数：266 千字　　　　　　　　　2025 年 4 月河北第 3 次印刷

定价：79.80 元

读者服务热线：(010)81055410　印装质量热线：(010)81055316
反盗版热线：(010)81055315

前　言

算法对于编程开发非常重要。然而，在学习算法的过程中，许多人看了大量的公式、伪代码、流程图后，还是很难真正理解算法的内涵，在具体编程时无从下手，甚至觉得算法枯燥、无聊、难以理解。

对于算法学习，如果读者能看到图形化的画面、编出好玩的游戏，自然会感到有趣、有成就感，进而就会自己钻研、与他人积极交流，学习效果也会得到显著提升。

因此，本书把趣味游戏应用于算法教学，并通过可视化的形式，帮助读者快速理解算法的核心思想，掌握算法在实际项目开发中的作用，使读者能够利用算法做出酷炫的图形交互式游戏。

本书中的游戏项目都经过了作者的精心设计，并且作者在高校授课时对这些游戏项目进行了反复验证和优化。本书详细讲解了这些游戏项目的分步骤实现过程，并提供对应的配套源代码和运行效果视频，适合算法初学者学习。

本书的主要内容

本书共14章，每章通过一个趣味游戏编程项目讲解算法、数据结构或库应用，提升读者学习算法的兴趣，降低读者学习算法的难度，增强读者将算法应用于编程实践的能力，并在一些章中提供拓展练习。本书的内容结构如下。

章	游戏项目	知识内容	拓展练习
第1章	猜数字	顺序查找算法、二分查找算法、分析算法效率的大 O 表示法	
第2章	飞翔的小鸟	图形库EasyX的安装与使用	
第3章	得分排行榜	插入排序算法、冒泡排序算法、选择排序算法、快速排序算法	顺序查找、二分查找、堆排序、归并排序、计数排序、桶排序算法的可视化
第4章	汉诺塔	递归算法	绘制分形树
第5章	八皇后	暴力搜索算法、回溯算法	一笔画游戏、数独游戏

章	游戏项目	知识内容	拓展练习
第6章	消灭星星	FloodFill算法	扫雷游戏
第7章	贪吃蛇	常见数据结构（数组、链表、队列、栈、图、树），标准模板库（Standard Template Library，STL）的使用方法	飞机大战
第8章	走迷宫	十字分割算法、图的广度优先搜索算法、图的深度优先搜索算法	
第9章	连连看	图的广度优先搜索算法	围住神经猫
第10章	吃豆人	加权图上的迪杰斯特拉算法、贪婪最佳优先搜索算法、A*算法	
第11章	滑动拼图	状态空间上的搜索算法	农夫过河游戏
第12章	井字棋	博弈树的极大极小值搜索算法、α-β剪枝搜索算法	人机对战五子棋
第13章	垒积木	递归回溯算法、动态规划算法	
第14章	十步万度	遗传算法	

本书的使用方法

本书每章的开头会介绍该章的游戏项目和将要学习的算法。读者可以先从配套资源中观看对应的视频、运行最终的游戏项目程序代码，直观地了解本章的学习目标。

本书中的算法教学和游戏项目会分成多个步骤，从零开始一步一步实现。书中会列出每个步骤的实现目标、实现思路、相应的参考代码，以及项目运行视频。读者可以先在前一个步骤代码的基础上，尝试自己写出下一个步骤的代码，碰到困难时可以参考本书配套资源中的示例代码。

书中提供了一些趣味拓展练习，读者可以先自己实践，再参考本书配套资源中给出的代码。读者也可以根据自己的兴趣进行拓展开发。

本书提供所有游戏项目的分步骤代码、拓展练习的参考代码、图片素材、演示视频、配套教学PPT，读者可以从异步社区官网的本书页面中下载。

本书的读者对象

本书适合有一定编程基础、想进一步学习算法的读者阅读。

　　本书也适合对计算机游戏感兴趣的读者阅读，学习多种类型游戏的开发方法。

　　本书可以作为程序设计、算法、数据结构、游戏开发等课程的实践指导用书，也可作为课程大作业或毕业设计的参考案例用书，还可以作为大学生ACM程序设计竞赛、中学生信息学奥林匹克竞赛的入门图书。

资源与支持

资源获取

本书提供如下资源：

- 本书配套源代码；
- 本书示例演示视频；
- 本书配套教学PPT；
- 本书思维导图；
- 程序员面试手册电子书；
- 异步社区7天VIP会员。

要获得以上资源，您可以扫描下方二维码，根据指引领取。

提交勘误

作者和编辑尽最大努力来确保书中内容的准确性，但难免会存在疏漏。欢迎您将发现的问题反馈给我们，帮助我们提升图书的质量。

当您发现错误时，请登录异步社区（https://www.epubit.com），按书名搜索，进入本书页面，单击"发表勘误"按钮，输入错误信息，然后单击"提交勘误"按钮即可（见右图）。本书的作者和编辑会对您提交的勘误进行审核，确认并接受后，您将获赠异步社区的100积分。积分可用于在异步社区兑换优惠券、样书或奖品。

图书勘误		发表勘误
页码： 1	页内位置（行数）： 1	勘误印次： 1
图书类型： ● 纸书 电子书		
添加勘误图片（最多可上传4张图片）		
+		提交勘误

与我们联系

我们的联系邮箱是contact@epubit.com.cn。

如果您对本书有任何疑问或建议，请您发邮件给我们，并请在邮件标题中注明本书书名，以便我们更高效地做出反馈。

如果您有兴趣出版图书、录制教学视频，或者参与图书翻译、技术审校等工作，可以发邮件给我们。

如果您所在的学校、培训机构或企业想批量购买本书或异步社区出版的其他图书，也可以发邮件给我们。

如果您在网上发现有针对异步社区出品图书的各种形式的盗版行为，包括对图书全部或部分内容的非授权传播，请您将怀疑有侵权行为的链接通过邮件发送给我们。您的这一举动是对作者权益的保护，也是我们持续为您提供有价值的内容的动力之源。

关于异步社区和异步图书

"异步社区"是由人民邮电出版社创办的IT专业图书社区，于2015年8月上线运营，致力于优质内容的出版和分享，为读者提供高品质的学习内容，为作译者提供专业的出版服务，实现作译者与读者的在线交流互动，以及传统出版与数字出版的融合发展。

"异步图书"是异步社区策划出版的精品IT图书的品牌，依托于人民邮电出版社在计算机图书领域30余年的发展与积淀。异步图书面向IT行业以及其他行业的IT用户。

目　录

第1章 猜数字

在本章中，我们首先实现一个猜数字的小游戏，如图1-1所示。接着，我们将学习顺序查找算法、二分查找算法，并对使用这两种查找算法求解的过程进行可视化。最后，我们将这两种算法应用于猜数字游戏，观察它们的查找效率，初步体会算法的威力。

```
计算机生成了一个1-100之间的随机整数，请猜猜是什么数字？
50
数字猜小了，请再猜一次吧。
75
数字猜小了，请再猜一次吧。
87
数字猜大了，请再猜一次吧。
81
数字猜小了，请再猜一次吧。
84
数字猜大了，请再猜一次吧。
83
恭喜你，猜对了！
```

图 1-1

1.1 实现猜数字游戏

下面我们用C语言实现一个小游戏。计算机随机生成1到100之间的一个整数，让用户来猜这个数字。当用户猜测的数字大于或小于计算机生成的数字时，计算机会输出提示信息；当猜对时，游戏胜利。

1.1 实现猜
数字游戏

游戏的实现代码如1-1.cpp所示，运行效果参见图1-2，扫描右侧二维码观看视频效果"1.1实现猜数字游戏"。

1-1.cpp

```
1    #include <stdio.h>
2    #include <conio.h>
3    #include <stdlib.h>
4    #include <time.h>
5
6    int main() // 主函数
7    {
8        srand((unsigned)time(NULL)); // 初始化随机种子
9        int num = 1 + rand() % 100; // 生成1到100之间的随机整数
```

```
10        printf("计算机生成了一个1-100之间的随机整数，请猜猜是什么数字？\n");
11        int guess; // 存储用户猜的数字
12        scanf_s("%d", &guess);  // 用户输入数字
13        while (guess != num) // 当用户没有猜对时，循环执行
14        {
15            if (guess > num)
16                printf("数字猜大了，请再猜一次吧。\n");
17            else if (guess < num)
18                printf("数字猜小了，请再猜一次吧。\n");
19            scanf_s("%d", &guess); // 用户再次输入数字
20        }
21        printf("恭喜你，猜对了!\n");
22        _getch();
23        return 0;
24    }
```

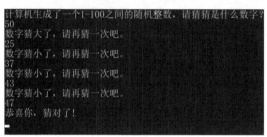

图 1-2

提示　本书使用 Visual Studio 2022 社区版作为集成开发环境，读者可以在线搜索并免费下载安装。本书中游戏项目的工程文件和源代码可以从异步社区官网的本书主页中下载。

1.2　顺序查找算法

　　猜数字游戏的策略可以转换为不同的查找算法。首先，我们学习最简单的顺序查找算法。假设要在图 1-3 所示的数组中查找数字 7。

　　顺序查找算法首先检查数组中的第一个元素 5，将之与待查找数字 7 进行比较，如图 1-4 所示。如果相等，则查找结束；如果不等，则继续向右查找。

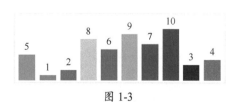

图 1-3

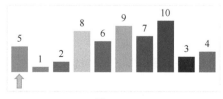

图 1-4

5不等于7，继续比对第二个元素，如图1-5所示。

1不等于7，继续向右查找，直到找到数字7，查找结束，如图1-6所示。

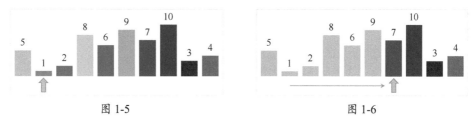

图 1-5　　　　　　　　　　　　　　　　　图 1-6

假设数组nums中存储了n个数字，变量key中存储要查找的数字。顺序查找算法从数组nums中的第一个元素开始，依次与变量key进行比较；直至找到相等的元素，循环停止。顺序查找算法的伪代码如下。

```
1    for i从0到n-1
2        if nums[i]==key
3            查找成功，结束for循环
4    if i==n
5        查找失败
```

顺序查找算法的完整代码如1-2-1.cpp所示。

1-2-1.cpp

```
1    #include <stdio.h>
2    #include <stdlib.h>
3    #include <conio.h>
4    #include <time.h>
5
6    int main() // 主函数
7    {
8        srand((unsigned)time(NULL)); // 初始化随机种子
9        int nums[100]; // 数组存储多个数字
10       int i;
11
12       // 数组元素初始化为1到100
13       for (i = 0; i < 100; i++)
14           nums[i] = 1 + i;
15
16       // 随机交换数组中元素的顺序
17       for (i = 0; i < 50; i++)
18       {
19           int ri = rand() % 100; // 第1个数字的索引
20           int rj = rand() % 100; // 第2个数字的索引
21           // 交换数组中这两个数字的顺序
22           int temp = nums[ri];
23           nums[ri] = nums[rj];
24           nums[rj] = temp;
25       }
```

```
26
27        printf("随机数组为：");
28        for (i = 0; i < 100; i++)
29            printf("%4d", nums[i]);
30        printf("\n");
31
32        // 生成要查找的数字，为1到100之间的随机整数
33        int key = 1 + rand() % 100;
34
35        // 以下开始顺序查找
36        for (i = 0; i < 100; i++)
37        {
38            if (key != nums[i])
39            {
40                printf("%d：%d不是要查找的数字\n", i, nums[i]);
41            }
42            else
43            {
44                printf("%d：查找到了，%d是要查找的数字\n", i, nums[i]);
45                break; // 终止for循环
46            }
47        }
48        if (i == 100)
49            printf("没有找到数字%d\n", key);
50        _getch();
51        return 0;
52    }
```

1-2-1.cpp 的运行效果如图 1-7 所示。

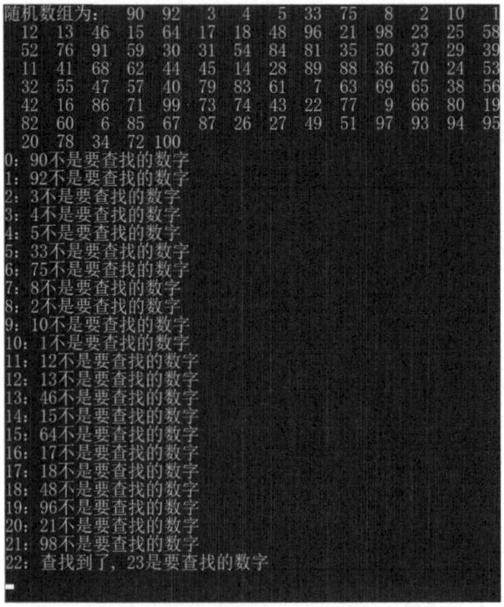

图 1-7

为了展示顺序查找算法的动态过程，可以利用Sleep()函数暂停若干毫秒，利用system("cls")清空画面，利用SetConsoleTextAttribute()设置字符显示不同的颜色，如代码1-2-2.cpp所示。

1-2-2.cpp

```
1   #include <stdio.h>
2   #include <windows.h>
3   #include <conio.h>
4   int main()
5   {
6       SetConsoleTextAttribute(GetStdHandle(STD_OUTPUT_HANDLE), 8);
7       printf("已查找过的显示为灰色\n");
8
9       SetConsoleTextAttribute(GetStdHandle(STD_OUTPUT_HANDLE), 4);
10      printf("正在查找的显示为红色\n");
11
12      SetConsoleTextAttribute(GetStdHandle(STD_OUTPUT_HANDLE), 7);
13      printf("未查找的显示为白色\n");
14
15      Sleep(5000); // 暂停
16      system("cls"); // 清空画面
17
18      _getch();
19      return 0;
20  }
```

运行代码1-2-2.cpp后，首先输出不同颜色的字符，如图1-8所示，5秒后清除所显示的内容。

将1-2-2.cpp和1-2-1.cpp结合，即可实现对顺序查找算法的动态过程的

图 1-8

可视化，如代码1-2-3.cpp所示，运行效果参见图1-9，扫描下方二维码观看视频效果"1.2 顺序查找"。

图 1-9

1.2 顺序查找

1-2-3.cpp

```
1    #include <stdio.h>
2    #include <stdlib.h>
3    #include <conio.h>
4    #include <time.h>
5    #include <windows.h>
6
7    #define LEN 100
8
9    int main() // 主函数
10   {
11       srand((unsigned)time(NULL)); // 初始化随机种子
12       int nums[LEN]; // 数组存储多个数字
13       int i;
14
15       // 数组元素初始化为1到100
16       for (i = 0; i < LEN; i++)
17           nums[i] = 1 + i;
18
19       // 随机交换数组中元素的顺序
20       for (i = 0; i < 50; i++)
21       {
22           int ri = rand() % 100; // 第1个数字的索引
23           int rj = rand() % 100; // 第2个数字的索引
24           // 交换数组中这两个数字的顺序
25           int temp = nums[ri];
26           nums[ri] = nums[rj];
27           nums[rj] = temp;
28       }
29
30       // 生成要查找的数字, 为1到100之间的随机整数
31       int key = 1 + rand() % LEN;
32       int id = 0; // 当前查找到的数组元素的索引
33
34       // 以下开始顺序查找
35       for (id = 0; id < LEN; id++)
36       {
37           Sleep(100); // 暂停100毫秒
38           system("cls"); // 清空画面
39           SetConsoleTextAttribute(GetStdHandle(STD_OUTPUT_HANDLE), 7); // 白色
40           printf("在数组中查找: %d\n", key);
41
42           SetConsoleTextAttribute(GetStdHandle(STD_OUTPUT_HANDLE), 8); // 灰色
43           // 已经查找过的元素显示为灰色
44           for (i = 0; i < id; i++)
45               printf("%4d", nums[i]);
46
47           SetConsoleTextAttribute(GetStdHandle(STD_OUTPUT_HANDLE), 4); // 红色
48           // 正在被查找的元素显示为红色
```

```
49          printf("%4d", nums[id]);
50
51          SetConsoleTextAttribute(GetStdHandle(STD_OUTPUT_HANDLE), 7); // 白色
52          // 还没有被查找的元素显示为白色
53          for (i = id + 1; i < LEN; i++)
54              printf("%4d", nums[i]);
55          printf("\n查找次数: %d次\n", id);
56
57          if (key == nums[id])
58              break; // 查找到了，跳出for循环语句
59      }
60      _getch();
61      return 0;
62  }
```

1.3 二分查找算法

对于有序数组，可以采用更高效的二分查找策略。假设要在图1-10所示的数组中查找数字6。

首先，将所需查找的数字6和数组正中间位置的元素5进行比较，如图1-11所示。

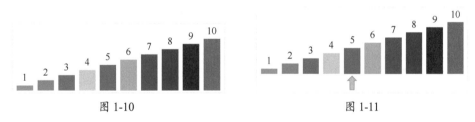

图 1-10   图 1-11

由于6大于5，因此5及其左边的数字均不需要再考虑，可以将查找范围缩减一半，如图1-12所示。

继续将所需查找的数字6和剩余元素中正中间位置的8进行比较，如图1-13所示。

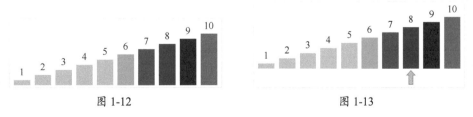

图 1-12   图 1-13

由于8大于6，因此8及其右边的数字均不需要再考虑，如图1-14所示。

继续和剩余元素中正中间位置的 6 进行比较，发现 6 即为所查数字，查找结束，如图 1-15 所示。

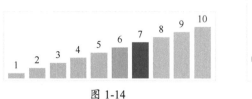

图 1-14

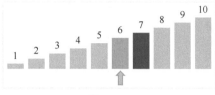

图 1-15

假设有序数组 nums 中存储了 n 个数字，变量 key 存储要查找的数字。二分查找算法比较 key 和数组 nums 正中间位置的元素值，如果 key 更大，则只需在数组 nums 右边一半的元素中查找；如果 key 更小，则只需在数组 nums 左边一半的元素中查找。重复执行上述逻辑，即可很快查找到目标。二分查找算法的伪代码如下。

```
1    low = 0
2    high = n - 1
3    while low <= high
4        mid = (low + high)/2
5        if key == nums[mid]
6            查找成功，跳出循环
7        if key < nums[mid]
8            high = mid - 1
9        if key > nums[mid]
10           low = mid + 1
11   if low > high
12       查找失败
```

二分查找算法的完整代码如 1-3-1.cpp 所示。

1-3-1.cpp

```
1    #include <stdio.h>
2    #include <stdlib.h>
3    #include <conio.h>
4    #include <time.h>
5
6    int main() // 主函数
7    {
8        srand((unsigned)time(NULL)); // 初始化随机种子
9        int nums[100]; // 数组存储多个数字
10       int i;
11
12       // 数组元素初始化为1到100
13       for (i = 0; i < 100; i++)
14           nums[i] = 1 + i;
15
```

```
16          printf("有序数组为：");
17          for (i = 0; i < 100; i++)
18              printf("%4d", nums[i]);
19          printf("\n");
20
21          // 生成要查找的数字，为1到100之间的随机整数
22          int key = 1 + rand() % 100;
23          int searchNum = 0; // 查找的次数
24          // 定义变量：查找区域的下边界、上边界、正中间
25          int low = 0, high = 100 - 1, mid;
26
27          // 以下进行二分查找
28          while (low <= high)
29          {
30              searchNum++; // 查找次数加1
31              mid = (low + high) / 2; // 正中间元素的序号
32              if (key == nums[mid]) // 找到了
33              {
34                  printf("%d: 查找到了，%d是要查找的数字\n", searchNum, nums[mid]);
35                  break; // 跳出while循环语句
36              }
37              else
38              {
39                  printf("%d: %d不是要查找的数字\n", searchNum, nums[mid]);
40                  // 更新查找区域，变成上一步的一半
41                  if (key < nums[mid]) // 下一次查找较小的一半数组
42                      high = mid - 1;
43                  else // 下一次查找较大的一半数组
44                      low = mid + 1;
45              }
46          }
47          if (low > high) // 没有找到要查找的数字
48              printf("没有找到要查找的数字%d\n", key);
49          _getch();
50          return 0;
51      }
```

1-3-1.cpp 的运行效果如图 1-16 所示。

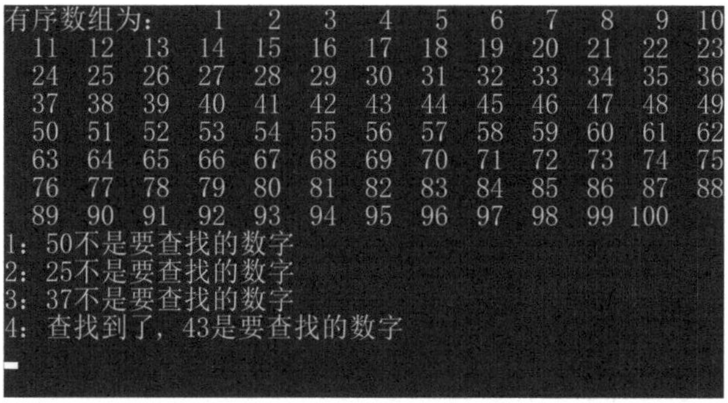

图 1-16

将 1-2-2.cpp 和 1-3-1.cpp 结合，即可实现对二分查找算法的动态过程的可视化，如代码 1-3-2.cpp 所示，运行效果参见图 1-17，扫描右侧二维码观看视频效果"1.3 二分查找"。

1.3 二分查找

（a）第一次查找，未找到　　　　　　（b）第二次查找，未找到

（c）第三次查找，未找到　　　　　　（d）第四次查找，未找到

（e）第五次查找，未找到　　　　　　（f）第六次查找，找到了

图 1-17

1-3-2.cpp

```
1    #include <stdio.h>
2    #include <stdlib.h>
3    #include <time.h>
4    #include <conio.h>
5    #include <windows.h>
6
7    #define LEN 100
8
9    // 自定义函数，输出显示当前查找状态
10   // nums为要查找的数组，statuses记录数组元素的颜色，searchNUM为查找次数，
     key为要查找的数值
11   void showArrays(int nums[], int statuses[], int searchNUM, int key)
12   {
13       int i;
14       Sleep(1000); // 暂停
15       system("cls"); // 清空画面
```

```
16        SetConsoleTextAttribute(GetStdHandle(STD_OUTPUT_HANDLE), 7); // 设为白色
17        printf("在数组中查找: %d\n", key); // 输出白色提示文字
18
19        // 显示当前状态
20        for (i = 0; i < LEN; i++)
21        {
22            // 设为不同的颜色
23            SetConsoleTextAttribute(GetStdHandle(STD_OUTPUT_HANDLE), statuses[i]);
24            printf("%4d", nums[i]); // 输出对应的数组元素
25        }
26        SetConsoleTextAttribute(GetStdHandle(STD_OUTPUT_HANDLE), 7); // 设为白色
27        printf("\n查找次数: %d次\n", searchNUM); // 输出白色提示文字
28    }
29
30  int main() // 主函数
31  {
32        srand((unsigned)time(NULL)); // 初始化随机种子
33        int nums[LEN]; // 要查找的数组
34        int i;
35
36        // 数组元素初始化为1到100
37        for (i = 0; i < LEN; i++)
38            nums[i] = 1 + i;
39
40        // 根据查找状态设定颜色，未查找的数字显示为白色（7），已查找过的数字
    显示为灰色（8），正在查找的数字显示为红色（4）
41        int statuses[LEN];
42        for (i = 0; i < LEN; i++)
43            statuses[i] = 7; // 初始全是未查找的数字，显示为白色（7）
44
45        // 生成要查找的数字，为1到100之间的随机整数
46        int key = 1 + rand() % LEN;
47        int id = 0; // 当前查找到的数组元素的索引
48
49        // 定义变量: 查找区域的下边界、上边界、正中间
50        int low = 0, high = LEN - 1, mid = (low + high) / 2;
51        int searchNUM = 0; // 查找的次数
52
53        // 以下开始二分查找
54        while (low <= high)
55        {
56            mid = (low + high) / 2; // 正中间元素的序号
57
58            if (key != nums[mid]) // 当前元素不是目标
59            {
60                if (key < nums[mid]) // 下一次查找较小的一半数组
61                    high = mid - 1;
62                else // 下一次查找较大的一半数组
63                    low = mid + 1;
64            }
```

```
65
66          searchNUM++; // 查找次数加1
67          statuses[mid] = 4; // 设置正在查找的元素为红色
68          showArrays(nums, statuses, searchNUM, key); // 显示当前查找状态
69
70          for (i = 0; i < LEN; i++)
71              statuses[i] = 8; // 将数组中所有元素设为灰色
72          for (i = low; i <= high; i++)
73              statuses[i] = 7; // 将下一步要查找范围中的元素设为白色
74
75          if (key != nums[mid]) // 如果没有找到
76              statuses[mid] = 8; // 当前元素设为灰色，表示查找过了
77          else // 如果找到了
78              statuses[mid] = 4; // 当前元素设为红色，表示找到了
79          showArrays(nums, statuses, searchNUM, key); // 显示当前查找状态
80
81          if (key == nums[mid]) //  如果找到了
82              break;  //  跳出循环
83      }
84      _getch();
85      return 0;
86  }
```

1.4　算法的效率

回到猜数字游戏，要猜 1 到 100 之间的随机整数，可以采用顺序查找算法，即从小到大依次猜，直到猜对为止。最坏的情况下，要猜 100 次才能猜对。

如果采用二分查找算法，每次猜中间的数值，依次将查找范围减半，则对于长度为 100 的数组，最坏的情况下，查找范围依次为 100、50、25、12、6、3、1，因此最多 7 次（$\log_2 100$ 向上取整）就能猜对。

推广开来，如果数组大小为 n，顺序查找最多需要猜 n 次，二分查找最多需要猜 $\log_2 n$ 次。表 1-1 列出了不同数据规模下，两种查找算法的效率。数据规模越大，二分查找算法的效率优势越明显。

表 1-1

数据规模	10	100	1000	10000	100000	1000000	n
顺序查找算法的效率	10	100	1000	10000	100000	1000000	n
二分查找算法的效率	4	7	10	14	17	20	$\log_2 n$

算法的效率通常使用大 O 表示法来描述。比如顺序查找算法的时间复杂度记为 $O(n)$，表示对规模为 n 的数据执行顺序查找算法的最长运行时间为 n 的

常数倍。二分查找算法的效率可以记为$O(\log_2 n)$，表示对规模为n的数据执行二分查找算法的最长运行时间为n的对数函数。

还有一种比二分查找更快的查找算法，那就是哈希查找，也称为散列查找。哈希查找通过将关键字映射到哈希表中的索引位置来快速定位目标数据，其时间复杂度为$O(1)$。

1.5 小结

本章主要讲解了顺序查找算法和二分查找算法，并将其应用于猜数字游戏中。对算法的执行过程进行可视化，有利于对算法的理解。

在第2章，我们将学习图形的绘制，并在第3章的拓展练习中实现查找算法的图形可视化。

第2章　飞翔的小鸟

基础C语言的可视化与交互功能较弱，为了实现更直观的算法可视化、开发图形交互游戏，本章学习图形库的绘制功能。

在本章，我们将利用图形库开发飞翔的小鸟游戏，玩家通过按空格键控制小鸟躲避障碍物，如图2-1所示。

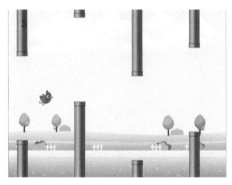

图 2-1

2.1　EasyX 图形库

1-3-2.cpp中的printf()函数仅能输出简单字符，这一节我们下载安装EasyX图形库，快速上手图形绘制和游戏编程。

EasyX是一个简单易用的图形库，可以免费使用。可从EasyX的官方网站下载最新版本的软件安装包，如图2-2所示。

图 2-2

单击 EasyX 官网首页右上角的"下载 EasyX"按钮下载软件安装包，本书使用 20220901 版本。运行下载好的 EasyX 安装程序，弹出如图 2-3 所示的安装向导。

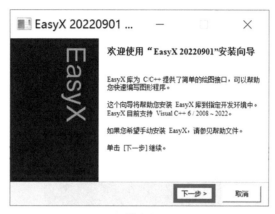

图 2-3

在图 2-3 所示的对话框中单击"下一步"按钮，安装程序会自动检测计算机上已安装的开发平台，如图 2-4 所示，选择想要安装 EasyX 的开发平台，例如选择"Visual C++ 2022"，单击对应的"安装"按钮。

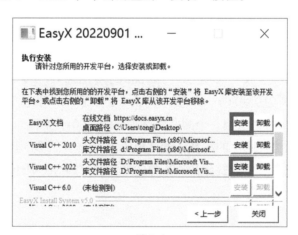

图 2-4

安装成功后，在 Visual Studio 2022 中新建一个项目，输入 2-1-1.cpp 中的代码。

2-1-1.cpp

```
1    #include <graphics.h> // EasyX头文件
2    #include <conio.h>
```

```
3    #include <stdio.h>
4    int main()
5    {
6        initgraph(800, 600);   // 初始化一个800×600的窗口
7        setcolor(YELLOW);      // 圆的线条为黄色
8        setfillcolor(GREEN);   // 圆内部填充为绿色
9        fillcircle(400, 300, 100);   // 画圆，圆心坐标为(400,300)，半径为100
10       _getch();             // 按任意键继续
11       closegraph();         // 关闭图形窗口
12       return 0;
13   }
```

运行 2-1-1.cpp 后出现如图 2-5 所示的窗口，并在窗口中间绘制一个黄色线条、绿色填充的实心圆。

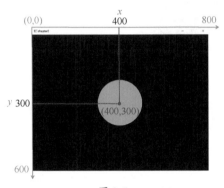

图 2-5

使用 EasyX 生成的绘制区域采用直角坐标系，左上角的坐标为 (0,0)。initgraph(800, 600) 生成一个宽 800、高 600 的绘图窗口，横轴方向由 x 坐标表示，取值范围为 0 到 800；纵轴方向由 y 坐标表示，取值范围为 0 到 600。fillcircle(400, 300, 100) 绘制一个圆心坐标为 (400, 300)、半径为 100 的实心圆。

读者可以根据代码中的注释，尝试更改窗口大小、圆心坐标、半径大小、颜色等参数。读者还可以打开 EasyX 的帮助文档 "EasyX_Help.chm"，学习使用相关的图形绘制函数。

提示　EasyX 安装程序目前仅支持 Visual Studio 开发环境。如果读者计算机的存储空间不够安装 Visual Studio，可以安装轻量级的 "小龙 Dev-C++" 或者 "小熊猫 C++" 开发环境，这两个开发环境也可以使用 EasyX 图形库。如果读者使用其他代码编辑器，也可以使用开源图形库 EGE。使用 EGE 时，只需修改本书代码中的部分绘图语句。

若不设置绘图颜色，EasyX 默认将图形绘制为白色。输入并运行 2-1-2.

cpp，可以实现白色小球下落的动画效果，扫描右侧二维码观看视频效果"2.1 小球下落动画"。

2.1 小球下落动画

2-1-2.cpp

```
1   #include <graphics.h> // EasyX头文件
2   #include <conio.h>
3   #include <stdio.h>
4   int main()
5   {
6       int y = 50; // 小球的y坐标
7       initgraph(800, 600); // 初始化一个800×600的窗口
8       while (1) // 一直循环
9       {
10          y = y + 1; // y坐标增加
11          cleardevice(); // 清空画面
12          fillcircle(400, y, 20);  // 在(400,y)处绘制半径为20的圆
13          Sleep(10); // 暂停10毫秒
14      }
15      _getch();
16      closegraph(); // 关闭图形窗口
17      return 0;
18  }
```

在2-1-2.cpp中，小球的初始y坐标为50；在while循环语句中，依次执行y坐标增加、清空画面、在新位置绘制圆、暂停10毫秒，如此重复执行，即实现了小球下落的动画效果，如图2-6所示。

图 2-6

2.2　小球的自由落体

本节讲解如何实现小球的自由落体运动效果，完整代码参见配套资源中的2-2.cpp，扫描右侧二维码观看视频效果"2.2 小球的自由落体"。下面对2-2.cpp中的一些关键内容进行讲解，代码对应的行号是它们在2-2.cpp中的行号。

2.2 小球的自由落体

首先用一个小球表示游戏中的小鸟，定义结构体记录小球圆心的横、纵坐标x、y，纵轴方向的速度vy，半径radius，代码如下。

2-2.cpp

```
8    struct Bird // 小鸟结构体
9    {
10       float x, y, vy, radius; // 小球圆心坐标(x,y)、y轴方向的速度vy、半径
     radius
11   };
```

在程序开头，使用宏定义的形式设定画面的宽度WIDTH、高度HEIGHT、重力加速度G，代码如下。

2-2.cpp

```
4    #define WIDTH 800  // 游戏画面宽度
5    #define HEIGHT 600 // 游戏画面高度
6    #define G  0.3  // 重力加速度
```

在while循环语句中，首先根据重力加速度G计算速度vy，然后利用vy更新小球圆心的纵坐标y，从而实现小球自由落体的效果，代码如下。

2-2.cpp

```
24       while (1) // 一直循环
25       {
26           bird.vy = bird.vy + G;  // 根据重力加速度更新小球在y方向的速度
27           bird.y = bird.y + bird.vy;  // 根据小球在y方向的速度更新其圆心
     的纵坐标
```

当小球碰到画面的下边界时，重新设置小球圆心的纵坐标y，代码如下。

2-2.cpp

```
29           if (bird.y >= HEIGHT - bird.radius)  // 如果小球碰到画面的下边界
30           {
31               bird.y = HEIGHT / 6;  // 重新设置小球圆心的纵坐标
32               bird.vy = 0;  // 小球在y方向的初始速度设为0
33           }
```

更新小球的速度和位置后，依次执行清空画面、绘制新位置的小球、暂停10毫秒，即可实现小球重复自由落体的动画效果，代码如下。

2-2.cpp

```
35           cleardevice(); // 清空画面
36           fillcircle(bird.x, bird.y, bird.radius);  // 绘制小球
37           Sleep(10); // 暂停10毫秒
```

2.3　按空格键让小球向上飞

本节讲解如何实现按空格键让小球向上飞，完整代码参见配套资源中的

2-3-2.cpp，扫描右侧二维码观看视频效果"2.3 按空格键让小球向上飞"。

_kbhit() 函数可以响应键盘的输入，当有键盘输入时返回1，否则返回0。在2-3-1.cpp中，当用户按下某个键时，执行 if (_kbhit()) 内的语句。首先获得用户输入的字符，并存储在变量 input 中，如果用户按下的是空格键，则输出提示文字。

2.3 按空格键
让小球向上飞

2-3-1.cpp

```
1   #include <graphics.h>
2   #include <conio.h>
3   #include <stdio.h>
4   int main()
5   {
6       while (1)  // 一直循环
7       {
8           if (_kbhit())// 当按键时
9           {
10              char input = _getch(); // 获得输入字符
11              if (input == ' ') // 当按下空格键时
12                  printf("按下了空格! \n");
13          }
14      }
15      return 0;
16  }
```

在 2-2.cpp 小球的自由落体程序中添加下方代码，实现按下空格键后小球向上运动（赋予小球一个向上的初速度）。

2-3-2.cpp

```
24  while (1) // 一直循环
25  {
26      if (_kbhit()) // 当按键时
27      {
28          char input = _getch(); // 获得输入字符
29          if (input == ' ') // 当按下空格键时
30              bird.vy = -10; // 给小球一个向上的速度
31      }
```

2.4　游戏程序框架改进

为了便于开发游戏，本书设计了一个简单的程序框架，如2-4-1.cpp所示。

2-4-1.cpp

```
1   #include <graphics.h>
2   #include <conio.h>
3   #include <stdio.h>
4
5   // 定义全局变量
```

```
6
7    void startup()  //  初始化函数
8    {
9    }
10
11   void show()  //  绘制函数
12   {
13   }
14
15   void updateWithoutInput() // 和输入无关的更新
16   {
17   }
18
19   void updateWithInput()  // 和输入有关的更新
20   {
21   }
22
23   int main() //  主函数
24   {
25       startup();  // 初始化函数，仅执行一次
26       while (1)   // 一直循环
27       {
28           show();  // 进行绘制
29           updateWithoutInput(); // 和输入无关的更新
30           updateWithInput();    // 和输入有关的更新
31       }
32       return 0;
33   }
```

　　首先在程序开头定义一些全局变量作为游戏数据变量，它们在整个程序中均可以访问。具体的游戏功能在startup()、show()、updateWithoutInput()、updateWithInput() 4个函数中实现。

　　程序从主函数开始，首先运行一次startup()，进行游戏的初始化。然后开始循环执行 3 个函数：show()进行绘制，updateWithoutInput()执行和输入无关的更新，updateWithInput()执行和输入有关的更新。

　　利用游戏开发框架，2-3-2.cpp可以修改为2-4-2.cpp。

2-4-2.cpp

```
1    #include <graphics.h>
2    #include <conio.h>
3    #include <stdio.h>
4    #define WIDTH 800  // 游戏画面宽度
5    #define HEIGHT 600 // 游戏画面高度
6    #define G  0.3  // 重力加速度
7
8    struct Bird // 小鸟结构体
9    {
10       float x, y, vy, radius; // 小球的圆心坐标、y方向速度、半径大小
```

```
11    };
12
13    // 定义全局变量
14    Bird bird; // 定义小鸟变量
15
16    void startup()  // 初始化函数
17    {
18        bird.radius = 20; // 小球半径
19        bird.x = WIDTH / 6; // 小球圆心的x坐标
20        bird.y = HEIGHT / 3;  // 小球圆心的y坐标
21        bird.vy = 0;  // 小球的y方向初始速度为0
22
23        initgraph(WIDTH, HEIGHT); // 新建一个画布
24        BeginBatchDraw(); // 开始批量绘制
25    }
26
27    void show()  // 绘制函数
28    {
29        cleardevice();  // 清空画面
30        fillcircle(bird.x, bird.y, bird.radius);  // 绘制小球
31        FlushBatchDraw(); // 批量绘制
32        Sleep(10);  // 暂停10毫秒
33    }
34
35    void updateWithoutInput() // 和输入无关的更新
36    {
37        bird.vy = bird.vy + G;  // 根据重力加速度更新小球的y方向速度
38        bird.y = bird.y + bird.vy;    // 根据小球的y方向速度更新其y坐标
39
40        // 如果小球碰到上下边界
41        if (bird.y >= HEIGHT - bird.radius || bird.y <= bird.radius)
42        {
43            bird.y = HEIGHT / 3;  // 小球圆心的y坐标
44            bird.vy = 0;  // 小球的y方向初始速度为0
45        }
46    }
47
48    void updateWithInput()  // 和输入有关的更新
49    {
50        if (_kbhit()) // 当按键时
51        {
52            char input = _getch(); // 获得输入字符
53            if (input == ' ') // 当按下空格键时
54                bird.vy = -10; // 给小球一个向上的速度
55        }
56    }
57
58    int main() //  主函数
59    {
60        startup();  // 初始化函数，仅执行一次
```

```
61      while (1)    // 一直循环
62      {
63          show();  // 进行绘制
64          updateWithoutInput(); // 和输入无关的更新
65          updateWithInput();    // 和输入有关的更新
66      }
67      return 0;
68  }
```

当绘制元素较多时，画面中会出现明显的闪烁，这时可以使用批量绘图函数。

在2-4-2.cpp中，第24行的BeginBatchDraw()用于开始批量绘图，执行后任何绘图操作都将暂时不输出到屏幕上；第31行的FlushBatchDraw()用于对未完成的绘制任务执行批量绘制，并将之前的绘图输出。

2.5　添加水管障碍物

本节讲解如何添加水管障碍物，完整代码参见配套资源中的2-5.cpp，扫描下方二维码观看视频效果"2.5 添加水管障碍物"。

函数fillrectangle(left, top, right, bottom)可以绘制填充矩形，其中(left, top)为矩形左上角的(x, y)坐标，(right, bottom)为矩形右下角的(x, y)坐标。

水管障碍物由上下两个方块组成，中间有固定高度的空隙，如图2-7所示。

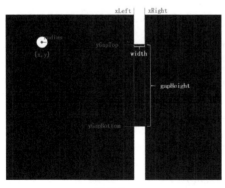

2.5 添加水管障碍物

图 2-7

在水平方向，定义变量width存储水管宽度、变量xLeft为水管左边界的x坐标、变量xRight为水管右边界的x坐标、变量vx记录水管在x方向的移动速度。

在垂直方向，定义变量gapHeight记录水管中间空隙的高度、变量yGapTop为水管空隙顶部的y坐标、变量yGapBottom为水管空隙底部的y坐标。

定义水管障碍物结构体，代码如下。

2-5.cpp

```
13    struct Pipe // 水管障碍物结构体
14    {
15        float width, xLeft, xRight, vx;  // 水管宽度、左右边界坐标、x方向速度
16        float gapHeight, yGapTop, yGapBottom; // 水管中间空隙的高度，水管顶部和
      底部的y坐标
17    };
```

定义水管全局变量，代码如下。

2-5.cpp

```
21    Pipe pipe; // 定义水管全局变量
```

定义初始化水管数据的函数，代码如下。

2-5.cpp

```
30    // 初始化水管数据
31    void initialize(Pipe& p)
32    {
33        p.width = 40; // 初始化水管宽度
34        p.gapHeight = HEIGHT / 2; // 水管中间空隙高度为画面高度的一半
35        p.vx = -2; // 水管向左运动的速度
36        p.xRight = WIDTH + p.width; // 起初水管在画面右端
37        p.xLeft = WIDTH;
38        p.yGapTop = randBetween(20, HEIGHT - 20 - p.gapHeight);// 随机设置
      水管空隙的上下位置
39        p.yGapBottom = p.yGapTop + p.gapHeight;
40    }
```

在startup()函数中进行水管的初始化，代码如下。

2-5.cpp

```
49        initialize(pipe); // 初始化水管
```

在show()函数中绘制水管，代码如下。

2-5.cpp

```
59        // 绘制水管上部、下部两个方块
60        fillrectangle(pipe.xLeft, 0, pipe.xRight, pipe.yGapTop);
61        fillrectangle(pipe.xLeft, pipe.yGapBottom, pipe.xRight, HEIGHT);
```

在updateWithoutInput()函数中添加代码，实现水管从右向左移动，当到达画面最左边时，重新从画面最右边出现，代码如下。

2-5.cpp

```
71        if (pipe.xRight < 0) // 如果水管跑到最左边
72        {
```

```
73              initialize(pipe); // 初始化，在右边重新出现
74          }
75          pipe.xLeft = pipe.xLeft + pipe.vx; // 水管逐渐向左移动
76          pipe.xRight = pipe.xLeft + pipe.width;
```

2.6 得分的计算与显示

2.6 得分的计
算与显示

本节讲解如何添加得分，完整代码参见配套资源中的 2-6.
cpp，扫描右侧二维码观看视频效果"2.6 得分的计算与显示"。

在 Bird 结构体中添加整型变量 score 记录游戏的得分，并
初始化为 0，代码如下。

2-6.cpp

```
8   struct Bird // 小鸟结构体
9   {
10      float x, y, vy, radius; // 小球圆心坐标、y 方向速度、半径大小
11      int score; // 得分
12  };
```

在 updateWithoutInput() 函数中添加代码，当水管跑到画面最左边时，小
球得分加 1，代码如下。

2-6.cpp

```
84      if (pipe.xRight < 0) // 如果水管跑到最左边
85      {
86          initialize(pipe); // 初始化，在右边重新出现
87          bird.score++;  // 小鸟得分加 1
88      }
```

图 2-8 展示了小鸟和水管发生碰撞的 4 种情况。

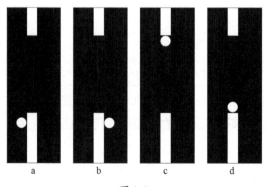

图 2-8

由图2-8分析可知，小鸟和水管发生碰撞需同时满足3个条件：

（1）小鸟的右边界在水管的左边界的右侧，即bird.x + bird.radius > pipe.xLeft；

（2）小鸟的左边界在水管的右边界的左侧，即bird.x – bird.radius < pipe.xRight；

（3）小鸟的上边界在水管上部的下边界的上方，或小鸟的下边界在水管下部的上边界的下方，即bird.y – bird.radius < pipe.yGapTop || bird.y + bird.radius > pipe.yGapBottom。

在updateWithoutInput()函数中添加代码，当小鸟碰到水管时，得分清零，代码如下。

2-6.cpp

```
92      if ((bird.x+bird.radius > pipe.xLeft && bird.x-bird.radius < pipe.xRight)
93         &&(bird.y-bird.radius<pipe.yGapTop || bird.y+bird.radius>pipe.yGapBottom))
94      {   // 如果小鸟和水管碰撞
95          bird.score = 0; // 小鸟得分清零
96          Sleep(20); // 慢动作效果
97      }
```

outtextxy(x, y, s)可以在坐标(x, y)处输出字符串s。在show()函数中使用outtextxy(x, y, s)输出游戏得分，代码如下。

2-6.cpp

```
70      TCHAR s[20]; // 定义字符串数组
71      swprintf_s(s, _T("%d"), bird.score); // 将score转换为字符串
72      settextstyle(40, 0, _T("宋体")); // 设置文字大小、字体
73      outtextxy(50, 30, s); // 输出得分文字
```

2-6.cpp的运行效果如图2-9所示。

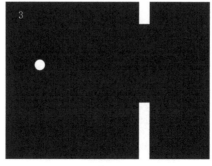

图 2-9

25

2.7　更多水管障碍物

本节讲解如何添加更多水管障碍物，增加游戏的趣味性。完整代码参见配套资源中的2-7.cpp，扫描右侧二维码观看视频效果"2.7 更多水管障碍物"。

2.7 更多水管
障碍物

定义结构体数组可以很方便地实现多个水管，代码如下。

2-7.cpp

```
24    Pipe pipes[PIPENUM]; // 定义水管变量数组
```

在startup()函数中调用initialize()对所有水管初始化，代码如下。

2-7.cpp

```
56    for (int i = 0; i < PIPENUM; i++) // 遍历所有水管对象
57    {
58        initialize(pipes[i]); // 水管初始化
59        // 让后面的水管依次等间隔出现
60        pipes[i].xLeft += i * (WIDTH + pipes[0].width) / PIPENUM;
61        pipes[i].xRight = pipes[i].xLeft + pipes[i].width;
62    }
```

在show()函数中绘制所有水管，代码如下。

2-7.cpp

```
76    // 绘制所有水管的上部、下部两个方块
77    for (int i = 0; i < PIPENUM; i++)
78    {
79        fillrectangle(pipes[i].xLeft, 0, pipes[i].xRight, pipes[i].yGapTop);
80        fillrectangle(pipes[i].xLeft, pipes[i].yGapBottom, pipes[i].xRight,
HEIGHT);
81    }
```

在updateWithoutInput()函数中也同样修改代码，对所有水管数组元素循环处理。最终程序的运行效果如图2-10所示。

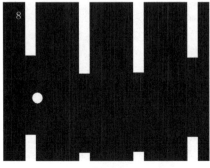

图 2-10

2.8　图片的使用

本节讲解如何在游戏项目中使用图片来代替图形作为游戏元素。

在本书的配套电子资源中，找到"\第2章\图片素材"文件夹，其中存放了本章需要的游戏图片素材，如图2-11所示。

背景.png　　　　　鸟.png　　　　　障碍物 上.png　　　　　障碍物 下.png

图 2-11

将这些图片复制到工程目录下，比如本书提供的范例工程"\第2章\chapter2_飞翔的小鸟\chapter2\"目录下，在工程中输入并运行2-8-1.cpp，项目窗口中会显示出"背景.png"图片，如图2-12所示。

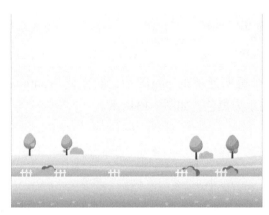

图 2-12

2-8-1.cpp

```
1    #include <graphics.h>
2    #include <conio.h>
3    #define   WIDTH 800 // 画面宽度
4    #define   HEIGHT 600 // 画面高度
5
6    int main()
7    {
8        IMAGE imBackground;  // 定义图像对象
```

```
9          loadimage(&imBackground, _T("背景.png")); // 导入图片
10         initgraph(WIDTH, HEIGHT); // 新开一个画面
11         putimage(0, 0, &imBackground);  // 显示图片
12         _getch();
13         return 0;
14     }
```

通过 Windows 自带的画图软件打开"背景.png"，可以看到背景图片的宽为 800 像素，高为 600 像素，2-8-1.cpp 中利用宏定义将画面大小设置得和背景图片大小一样。

在 2-8-1.cpp 中，IMAGE imBackground 定义了图像变量；loadimage(&imBackground, _T("背景.png")) 导入当前目录下文件名为"背景.png"的图片，并赋给 imBackground；putimage(0, 0, &imBackground) 表示在画面坐标 (0,0) 处显示图片，也就是从画面左上角显示出完整的背景图片。

进一步，我们还可以在画面中显示小鸟的图片，代码如下。

2-8-2.cpp

```
8          IMAGE imBackground, imBird;  // 定义图像对象
9          loadimage(&imBackground, _T("背景.png")); // 导入背景图片
10         loadimage(&imBird, _T("鸟.png")); // 导入小鸟图片
11         initgraph(WIDTH, HEIGHT); // 新开一个画面
12         putimage(0, 0, &imBackground);  // 显示背景
13         putimage(WIDTH / 6, HEIGHT / 3, &imBird);  // 显示小鸟
```

"鸟.png"是带透明通道的.png 图片，然而使用 putimage() 函数绘制时，图片的透明部分显示为黑色，如图 2-13 所示。

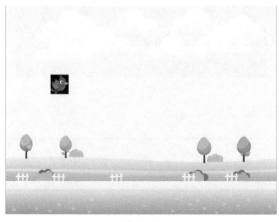

图 2-13

为了解决这一问题，读者可以将"\第 2 章\EasyXPng.h"文件复制到工

程目录下，比如范例工程"\第2章\chapter2_飞翔的小鸟\chapter2\"目录下。
然后在 Visual Studio 2022 中，右击解决方案中的"头文件"，选择"添加"→
"现有项"→"EasyXPng.h"，在代码中添加头文件 EasyXPng.h，以显示带透
明通道的 .png 图片，代码如下。

2-8-3.cpp

```
3    #include "EasyXPng.h"  // 用于显示带透明通道的.png图片
```

把 putimage() 函数替换成 putimagePng() 函数，即可显示出边缘透明的小
鸟图片，代码如下。

2-8-3.cpp

```
14         putimagePng(WIDTH / 6, HEIGHT / 3, &imBird);  // 显示小鸟
```

最终代码参见 2-8-3.cpp，运行效果如图 2-14 所示。

将 2-7.cpp 中的圆形、矩形分别用小鸟图片、水管障碍
物图片替换，并调整好图片在画面中的坐标，完整代码参
见 2-8-4.cpp。运行效果参见图 2-15，扫描右侧二维码观看视
频效果"2.8 飞翔的小鸟"。

2.8 飞翔的
小鸟

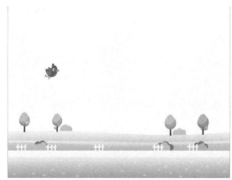

图 2-14　　　　　　　　　　　　　图 2-15

2-8-4.cpp

```
1    #include <graphics.h>
2    #include <conio.h>
3    #include <stdio.h>
4    #include <time.h>
5    #include "EasyXPng.h"
6    #define WIDTH 800  // 游戏画面宽度
7    #define HEIGHT 600 // 游戏画面高度
8    #define G  0.3  // 重力加速度
9    #define PIPENUM 4 // 水管障碍物的个数
10
```

```
11    struct Bird // 小鸟结构体
12    {
13        float x, y, vy, radius; // 小鸟圆心坐标、y方向速度、半径大小
14        int score; // 得分
15        IMAGE imBird; // 小鸟图片
16    };
17
18    struct Pipe // 水管障碍物结构体
19    {
20        float width, xLeft, xRight, vx;  // 水管宽度、左右边界坐标、x方向速度
21        float gapHeight, yGapTop, yGapBottom; // 水管中间空隙的高度，水管顶部和
      底部的y坐标
22    };
23
24    // 定义全局变量
25    Bird bird; // 定义小鸟变量
26    Pipe pipes[PIPENUM]; // 定义水管变量数组
27    IMAGE im_bk; // 背景图片
28    IMAGE imPipeUp, imPipeDown; // 上方和下方水管的图片
29
30    // 生成[imin,imax]中的随机整数
31    int randBetween(int imin, int imax)
32    {
33        int r = rand() % (imax - imin + 1) + imin;
34        return r;
35    }
36
37    // 初始化水管
38    void initialize(Pipe& p)
39    {
40        p.width = 40; // 初始化水管宽度
41        p.gapHeight = HEIGHT / 2; // 水管中间空隙高度为画面高度的一半
42        p.vx = -2; // 水管向左运动的速度
43        p.xRight = WIDTH + p.width; // 起初水管在画面右端
44        p.xLeft = WIDTH;
45        p.yGapTop = randBetween(20, HEIGHT - 20 - p.gapHeight); //随机设置
      水管空隙的上下位置
46        p.yGapBottom = p.yGapTop + p.gapHeight;
47    }
48
49    void startup()  //  初始化函数
50    {
51        srand(time(0));  // 随机种子函数
52
53        loadimage(&im_bk, _T("背景.png"));
54
55        bird.radius = 20; // 小鸟半径
56        bird.x = WIDTH / 6; // 小鸟位置的x坐标
57        bird.y = HEIGHT / 3;  // 小鸟位置的y坐标
58        bird.vy = 0;  // 小鸟的y方向初始速度为0
```

```
59      bird.score = 0; // 初始为0分
60      loadimage(&bird.imBird, _T("鸟.png")); // 导入小鸟图片
61
62      loadimage(&imPipeUp, _T("障碍物 上.png")); // 导入上方水管图片
63      loadimage(&imPipeDown, _T("障碍物 下.png")); // 导入下方水管图片
64
65      for (int i = 0; i < PIPENUM; i++) // 遍历所有水管对象
66      {
67          initialize(pipes[i]); // 水管初始化
68          // 让后面的水管依次等间隔出现
69          pipes[i].xLeft += i * (WIDTH + pipes[0].width) / PIPENUM;
70          pipes[i].xRight += pipes[i].xLeft + pipes[i].width;
71      }
72
73      initgraph(WIDTH, HEIGHT); // 新建一个画布
74
75      setbkmode(TRANSPARENT); // 文字字体透明
76      settextcolor(BLACK);// 设定文字颜色
77      BeginBatchDraw(); // 开始批量绘制
78  }
79
80  void show()  // 绘制函数
81  {
82      cleardevice();  // 清空画面
83      putimage(0, 0, &im_bk); // 显示背景图片
84
85      // 显示一只小鸟，校正小鸟图片的宽和高，显示在画面中合适的位置
86      putimagePng(bird.x - bird.radius, bird.y - bird.radius, &bird.imBird);
87
88      // 绘制所有水管的上部、下部两个方块
89      for (int i = 0; i < PIPENUM; i++)
90      {
91          putimagePng(pipes[i].xLeft, pipes[i].yGapTop - 300, &imPipeUp);
92          putimagePng(pipes[i].xLeft, pipes[i].yGapBottom, &imPipeDown);
93      }
94
95      TCHAR s[20]; // 定义字符串数组
96      swprintf_s(s, _T("%d"), bird.score); // 将score转换为字符串
97      settextstyle(40, 0, _T("宋体")); // 设置文字大小、字体
98      outtextxy(50, 30, s); // 输出得分文字
99
100     FlushBatchDraw(); // 批量绘制
101     Sleep(10);  // 暂停10毫秒
102 }
103
104 void updateWithoutInput() // 和输入无关的更新
105 {
106     bird.vy = bird.vy + G;  // 根据重力加速度更新小球的y方向速度
107     bird.y = bird.y + bird.vy;   // 根据小球的y方向速度更新其y坐标
108
```

```
109        for (int i = 0; i < PIPENUM; i++)
110        {
111            if (pipes[i].xRight < 0) // 如果水管跑到最左边
112            {
113                initialize(pipes[i]); // 初始化，在右边重新出现
114                bird.score++;  // 小鸟得分加1
115            }
116            pipes[i].xLeft = pipes[i].xLeft + pipes[i].vx; // 水管逐渐向左移动
117            pipes[i].xRight = pipes[i].xLeft + pipes[i].width;
118
119            if ((bird.x + bird.radius > pipes[i].xLeft && bird.x - bird.
   radius < pipes[i].xRight)
120                && (bird.y - bird.radius<pipes[i].yGapTop || bird.y + bird.
   radius > pipes[i].yGapBottom))
121            {  // 如果水管和小鸟碰撞
122                bird.score = 0; // 小鸟得分清零
123                Sleep(20); // 慢动作效果
124            }
125        }
126
127        // 如果小鸟碰到上下边界
128        if (bird.y >= HEIGHT - bird.radius || bird.y <= bird.radius)
129        {
130            bird.y = HEIGHT / 3;  // 小鸟位置的y坐标
131            bird.vy = 0;  // 小鸟的y方向初始速度为0
132            bird.score = 0; // 小鸟得分清零
133        }
134    }
135
136    void updateWithInput()  // 和输入有关的更新
137    {
138        if (_kbhit()) // 当按键时
139        {
140            char input = _getch(); // 获得输入字符
141            if (input == ' ') // 当按下空格键时
142                bird.vy = -10; // 给小球一个向上的速度
143        }
144    }
145
146    int main() //  主函数
147    {
148        startup();  // 初始化函数，仅执行一次
149        while (1)  // 一直循环
150        {
151            show();  // 进行绘制
152            updateWithoutInput(); // 和输入无关的更新
153            updateWithInput();    // 和输入有关的更新
154        }
155        return 0;
156    }
```

2.9 小结

本章主要讲解了EasyX图形库，实现了图形元素、图片的绘制，并应用游戏开发框架实现了飞翔的小鸟游戏。

读者可以利用本章的知识，尝试分步骤实现反弹球等经典小游戏。

第 3 章　得分排行榜

相信玩游戏的读者都见过类似表 3-1 的得分排行榜。

表 3-1

玩家姓名	游戏得分	排　　名
张三	999998	1
郑十	986666	2
孙七	963332	3
吴九	922222	4
王五	898888	5
周八	865555	6
赵六	833333	7
李四	811111	8

要想将众多玩家的得分从高到低排序，就需要排序算法。本章我们将学习插入排序、冒泡排序、选择排序、快速排序这 4 种常见的排序算法，并利用上一章学习的图形库，实现各种排序算法过程的可视化，加深对算法的理解。

3.1　插入排序算法及其可视化

插入排序是一种简单直观的排序算法。假设数组分为已排序区域和未排序区域，算法每次从未排序区域中取一个元素，插入已排序区域的相应位置。随着算法的进行，已排序区域逐渐扩大，直至完成整个数组的排序。

对于图 3-1 所示的数组，初始设定所有元素都处于未排序区域，用彩色方块表示。

首先将第一个元素 5 设为已排序区域，图中用灰色方块表示，如图 3-2 所示。

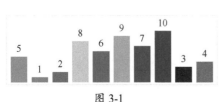

图 3-1

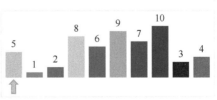

图 3-2

接下来，处理未排序区域的第一个元素1，如图3-3所示。由于1比其左侧的元素5小，因此将1和5交换，则左侧的两个元素都变成了已排序区域，如图3-4所示。

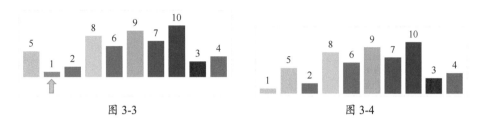

图 3-3   图 3-4

继续处理未排序区域的第一个元素2，如图3-5所示。由于2比其左侧的元素5小，因此将2和5交换，如图3-6所示。继续比较，2比其左侧的元素1大，不需要再处理，此时左边3个元素都变成了已排序区域，如图3-7所示。

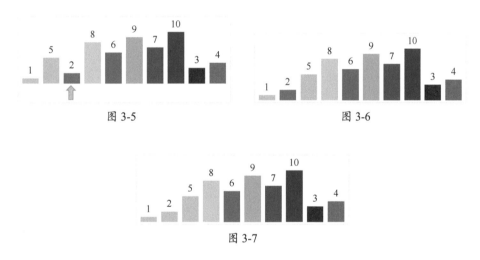

图 3-5   图 3-6

图 3-7

继续处理未排序区域的第一个元素8，如图3-8所示。8比其左侧的元素5大，不需要处理，此时左边4个元素都变成了已排序区域，如图3-9所示。

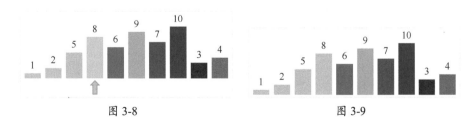

图 3-8   图 3-9

如此继续执行，直到所有元素都排好序，如图3-10所示。

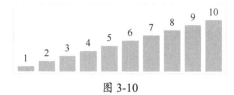

图 3-10

假设数组 nums 中存储了 *n* 个数字，插入排序算法的伪代码如下。

```
1    for i从1到n-1
2        num = nums[i]
3        j = i - 1
4        while j>=0 且 nums[j]>num
5            nums[j+1] = nums[j]
6            j--
7        nums[j+1] = num
```

插入排序算法的完整代码如 3-1-1.cpp 所示。

3-1-1.cpp

```
1    #include <conio.h>
2    #include <stdio.h>
3
4    #define ARRAYLEN 10 //数组长度
5
6    // 定义函数，输出一维数组
7    void PrintArray(int array[], int n)
8    {
9        for (int i = 0; i < n; i++)
10           printf("%d ", array[i]);
11       printf("\n");
12   }
13
14   int main()
15   {
16       // 要排序的数组
17       int nums[ARRAYLEN] = {5,1,2,8,6,9,7,10,3,4};
18       printf("数组排序前：\n");
19       PrintArray(nums, ARRAYLEN);
20
21       // 进行插入排序
22       for (int i = 1; i < ARRAYLEN; i++)
23       {
24           int num = nums[i];
25           int j = i - 1;
26           while (j >= 0 && nums[j] > num)
27           {
28               nums[j + 1] = nums[j];
29               j--;
30           }
31           nums[j + 1] = num;
```

```
32          }
33
34          printf("数组排序后：\n");
35          PrintArray(nums, ARRAYLEN);
36          _getch();
37          return 0;
38      }
```

3-1-1.cpp的运行效果如图3-11所示。

数组排序前：
5 1 2 8 6 9 7 10 3 4
数组排序后：
1 2 3 4 5 6 7 8 9 10

图 3-11

如果数组大小为n，在最坏的情况下，第1轮操作需要执行1次、第2轮操作需要执行2次……第n轮操作需要执行n次，由此可以得出插入排序的算法复杂度为$O(n^2)$。

结合EasyX的绘制功能，3-1-2.cpp可以实现插入排序算法动态过程的可视化，扫描右侧二维码观看视频效果"3.1 插入排序算法的可视化"。

3.1 插入排序算法的可视化

3-1-2.cpp

```
1   #include <graphics.h>
2   #include <conio.h>
3   #include <stdio.h>
4   #include <time.h>
5
6   #define ARRAYLEN 20 //数组长度
7   #define RECTWIDTH 30   // 一个长方块的宽度
8   #define RECTUNITHEIGHT 30   // 一个长方块一格的高度
9
10  // 定义全局变量
11  int nums[ARRAYLEN]; // 要排序的数组
12  COLORREF  colors[ARRAYLEN]; // 数组颜色
13  int windowWidth = (ARRAYLEN * 2 + 1) * RECTWIDTH; // 屏幕宽度
14  int windowHEIGHT = (ARRAYLEN + 3) * RECTUNITHEIGHT; // 屏幕高度
15
16  void startup()  // 初始化函数
17  {
18      int i;
19      initgraph(windowWidth, windowHEIGHT);        // 新开窗口
20      setbkcolor(RGB(20, 20, 20));   // 设置背景颜色
21      cleardevice();    // 以背景颜色清空画面
```

```
22        BeginBatchDraw(); // 开始批量绘制
23
24        srand((unsigned)time(0)); // 初始化随机种子
25        // 数组元素随机初始化到[1,ARRAYLEN]
26        for (i = 0; i < ARRAYLEN; i++)
27        {
28            nums[i] = 1 + i;
29            colors[i] = WHITE; // 初始都为白色
30        }
31        // 随机交换数组中元素的顺序
32        for (i = 0; i < ARRAYLEN; i++)
33        {
34            int ri = rand() % ARRAYLEN;
35            int rj = rand() % ARRAYLEN;
36            int temp = nums[ri];
37            nums[ri] = nums[rj];
38            nums[rj] = temp;
39        }
40    }
41
42    void showBlocks()  // 绘制数组中的所有方块、文字
43    {
44        cleardevice();      // 以背景颜色清空画面
45        for (int i = 0; i < ARRAYLEN; i++)
46        {
47            setfillcolor(colors[i]);
48            setlinecolor(colors[i]);
49            int leftX = (i * 2 + 1) * RECTWIDTH;   // 长方块最左边的x坐标
50            int rectHeight = nums[i] * RECTUNITHEIGHT; // 对应长方块的高度
51            // 绘制不同高度的长方形
52            fillrectangle(leftX, windowHEIGHT - rectHeight, leftX +
    RECTWIDTH, windowHEIGHT);
53
54            // 绘制对应的元素数值文字
55            setbkmode(TRANSPARENT); // 文字字体透明
56            settextcolor(RGB(0, 255, 0));// 设定文字颜色
57            settextstyle(RECTWIDTH, 0, _T("宋体")); // 设置文字大小、字体
58            TCHAR s[20]; // 定义字符串数组
59            swprintf_s(s, _T("%d"), nums[i]); // 将nums[i]转换为字符串
60            // 文字显示的矩形区域，在长方形正上方
61            RECT r = { leftX,windowHEIGHT - rectHeight - RECTUNITHEIGHT,
    leftX + RECTWIDTH,windowHEIGHT - rectHeight };
62            // 在区域内显示数字文字，水平居中
63            drawtext(s, &r, DT_CENTER);
64        }
65        FlushBatchDraw(); // 批量绘制
66        Sleep(300); // 暂停若干毫秒
67    }
68
```

```
69    int main() //   主函数
70    {
71        startup();  // 初始化函数，仅执行一次
72        showBlocks();
73
74        int i, j;
75        // 以下进行插入排序
76        for (i = 0; i < ARRAYLEN; i++)
77        {
78            colors[i] = YELLOW; // 待插入排序的长方块
79            int key = nums[i];
80            showBlocks();
81            j = i - 1;
82
83            while (j >= 0 && nums[j] > key)
84            {
85                nums[j + 1] = nums[j];
86                colors[j + 1] = RGB(150, 150, 150);
87                j--;
88            }
89            nums[j + 1] = key;
90            colors[j + 1] = YELLOW; // 高亮更新插入状态
91            showBlocks();
92            Sleep(400); // 插入状态多显示一会儿
93
94            colors[j+1] = RGB(150,150,150); // 将第i个方块颜色设为灰色，表
示已经排好序
95            showBlocks();
96        }
97        _getch();
98        return 0;
99    }
```

3-1-2.cpp 中第 20 行的 setbkcolor(RGB(20, 20, 20)) 利用 RGB 色彩模式设置了背景颜色。在计算机中，任何色彩都可由红（Red）、绿（Green）、蓝（Blue）3 种基本颜色混合而成，对于任一颜色分量，0 为最暗、255 最亮。

3.2 冒泡排序算法及其可视化

冒泡排序算法依次比较数组中相邻元素的大小，将较大的元素交换到右侧。就像水中的气泡上浮一样，把较大的数字逐渐移动到序列的右端，从而实现数组从小到大排序。

对于图 3-12 所示的数组，初始设定所有元素都处于未排序区域，用彩色方块表示。

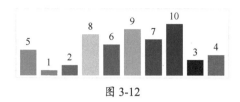

图 3-12

首先比较第一个元素 5 和第二个元素 1，如图 3-13 所示。由于 5 比 1 大，因此将 5 交换到 1 的右侧，如图 3-14 所示。

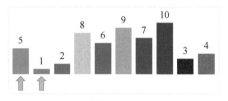

图 3-13

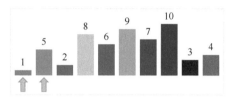

图 3-14

继续比较元素 5 和它右侧的元素 2，如图 3-15 所示。由于 5 比 2 大，因此将 5 交换到 2 的右侧，如图 3-16 所示。

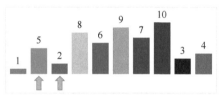

图 3-15

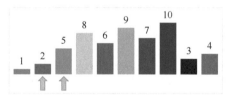

图 3-16

继续比较 5 和 8 的大小，右边的数字 8 较大，不需要处理，如图 3-17 所示。

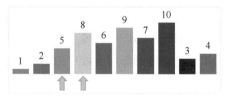

图 3-17

如此继续两两比较，把较大的数字交换到右侧，最后可以将数组中最大的元素 10 移动到最右侧，设为已排序区域，如图 3-18 所示。

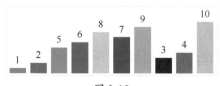

图 3-18

对数组左侧的9个元素，再次从左到右两两比较，将较大的元素交换到右侧，这一轮可以将剩下元素中最大的9移动到已排序区域，如图3-19所示。

继续对左侧未排序区域进行处理，直到数组中所有元素完成排序，如图3-20所示。

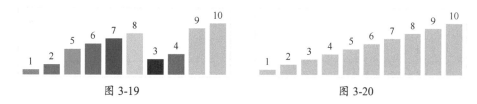

图 3-19　　　　　　　　　　　　　图 3-20

假设数组nums中存储了*n*个数字，冒泡排序算法的伪代码如下。

```
1    for i从0到n-1
2        for j从1到n-i-1
3            if nums[j-1] > nums[j]
4                交换nums[j-1]和nums[j]
```

冒泡排序算法的完整代码如3-2-1.cpp所示。

3-2-1.cpp

```
1    #include <conio.h>
2    #include <stdio.h>
3
4    #define ARRAYLEN 10 //数组长度
5
6    // 定义函数，输出一维数组
7    void PrintArray(int array[], int n)
8    {
9        for (int i = 0; i < n; i++)
10           printf("%d ", array[i]);
11       printf("\n");
12   }
13
14   int main()
15   {
16       // 要排序的数组
17       int nums[ARRAYLEN] = {5,1,2,8,6,9,7,10,3,4};
18       printf("数组排序前：\n");
19       PrintArray(nums, ARRAYLEN);
20
21       // 进行冒泡排序
22       for (int i = 0; i < ARRAYLEN; i++)
23       {
24           for (int j = 1; j < ARRAYLEN - i; j++)
25           {
26               int temp;
27               if (nums[j - 1] > nums[j])
28               {
29                   temp = nums[j - 1];
```

```
30                      nums[j - 1] = nums[j];
31                      nums[j] = temp;
32                  }
33              }
34          }
35
36          printf("数组排序后：\n");
37          PrintArray(nums, ARRAYLEN);
38          _getch();
39          return 0;
40      }
```

如果数组大小为 n，在最坏的情况下，第 1 轮操作需要执行 $n-1$ 次、第 2 轮操作需要执行 $n-2$ 次……第 $n-1$ 轮操作需要执行 1 次，由此可以得出冒泡排序的算法复杂度为 $O(n^2)$。

结合 EasyX 的绘制功能，配套资源中的 3-2-2.cpp 实现了冒泡排序算法动态过程的可视化，扫描右侧二维码观看视频效果 "3.2 冒泡排序算法的可视化"。

3.2 冒泡排序
算法的可视化

3.3　选择排序算法及其可视化

选择排序是一种很直观的排序算法，每次从未排序区域中找到最小值，然后交换到已排序区域的最后。

对于图 3-21 所示的数组，初始设定所有元素都处于未排序区域，用彩色方块表示。

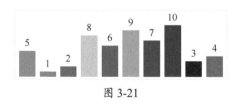

图 3-21

首先找到未排序区域所有元素中的最小值 1，如图 3-22 所示。将 1 和未排序区域的第一个元素 5 交换位置，并将 1 设为已排序区域，如图 3-23 所示。

图 3-22

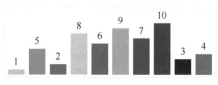

图 3-23

继续找到未排序区域中的最小值2，如图3-24所示。将2和未排序区域的第一个元素5交换位置，并将2设为已排序区域，如图3-25所示。

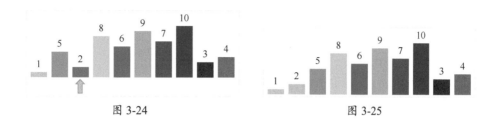

图 3-24   图 3-25

继续找到未排序区域中的最小值3，如图3-26所示。将3和未排序区域的第一个元素5交换位置，并将3设为已排序区域，如图3-27所示。

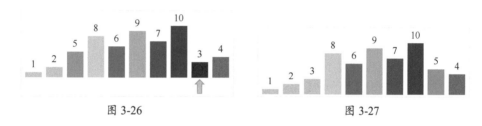

图 3-26   图 3-27

继续对右侧未排序区域进行处理，直到数组中所有元素完成排序，如图3-28所示。

图 3-28

假设数组nums中存储了n个数字，选择排序算法的伪代码如下。

```
1    for i从0到n-1
2        minj = i
3        for j从i+1到n-1
4            if nums[j] < nums[minj]
5                minj = j
6        if minj != i
7            交换nums[minj]和nums[i]
```

选择排序算法的完整代码如3-3-1.cpp所示。

3-3-1.cpp

```
1    #include <conio.h>
2    #include <stdio.h>
3
4    #define ARRAYLEN 10 //数组长度
5
6    // 定义函数，输出一维数组
7    void PrintArray(int array[], int n)
8    {
9        for (int i = 0; i < n; i++)
10           printf("%d ", array[i]);
11       printf("\n");
12   }
13
14   int main()
15   {
16       // 要排序的数组
17       int nums[ARRAYLEN] = {5,1,2,8,6,9,7,10,3,4};
18       printf("数组排序前：\n");
19       PrintArray(nums, ARRAYLEN);
20
21       // 进行选择排序
22       for (int i = 0; i < ARRAYLEN; i++)
23       {
24           int minj = i;
25           for (int j = i + 1; j < ARRAYLEN; j++)
26           {
27               if (nums[j] < nums[minj])
28                   minj = j;
29           }
30           if (minj != i)
31           {
32               int temp;
33               temp = nums[i];
34               nums[i] = nums[minj];
35               nums[minj] = temp;
36           }
37       }
38
39       printf("数组排序后：\n");
40       PrintArray(nums, ARRAYLEN);
41       _getch();
42       return 0;
43   }
```

如果数组大小为n，在最坏的情况下，第1轮操作需要执行$n-1$次、第2轮操作需要执行$n-2$次……第$n-1$轮操作需要执行1次，由此可以得出选择排序的算法复杂度为$O(n^2)$。

3.3 选择排序算法的可视化

结合EasyX的绘制功能，配套资源中的3-3-2.cpp实现了选择排序算法动态过程的可视化，扫描右侧二维码观看视频效果"3.3 选择排序算法的可视化"。

3.4 快速排序算法及其可视化

对于有n个元素的数组，插入排序、冒泡排序、选择排序的时间复杂度均为$O(n^2)$。对于较大规模的数组，能否实现更高效率的排序算法？

回顾第1章学习的查找算法。二分查找算法每次将查找范围减半，将算法复杂度从顺序查找的$O(n)$减少到$O(\log_2 n)$。这种分而治之的思想也可以应用到排序算法中。比如，每次将排序数组分成两半，再对子数组进行分半迭代处理，这样就可以将之前排序算法要处理的n层操作减少到处理$\log_2 n$层。

快速排序采用分而治之的思想，每次从数组中取一个元素作为基准值，将小于基准值的元素放到基准值左边，将大于基准值的元素放到基准值右边。对左、右区域继续迭代执行上述操作，从而实现对整个数组的排序。

对于图3-29所示的数组，初始设定所有元素都处于未排序区域，用彩色方块表示。

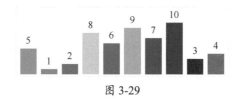

图 3-29

首先设定排序区域的范围，记最左侧元素的序号为left，最右侧元素的序号为right，将最左侧元素的值设为基准值base，如图3-30所示。

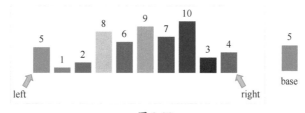

图 3-30

设定临时变量 L=left、R=right，首先让 R 从最右侧开始向左侧寻找第一个比 base 小的元素，如图 3-31 所示。此时 R 指向的 4 就比 base 值 5 小。

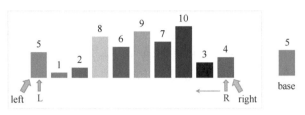

图 3-31

让 L 从最左侧开始向右侧寻找第一个比 base 大的元素，如图 3-32 所示。

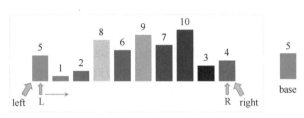

图 3-32

L 找到了元素 8，如图 3-33 所示。

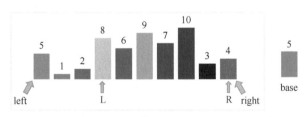

图 3-33

为了让数组左侧元素比 base 小，右侧元素比 base 大，交换 L 指向的 8、R 指向的 4，如图 3-34 所示。

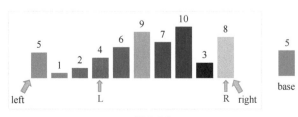

图 3-34

继续让R向左侧寻找第一个比base小的元素，如图3-35所示。

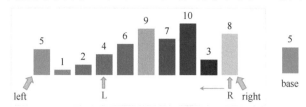

图 3-35

R找到了元素3，如图3-36所示。

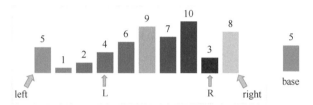

图 3-36

继续让L向右侧寻找第一个比base大的元素，如图3-37所示。

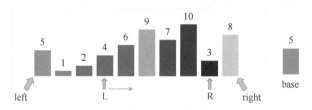

图 3-37

L找到了元素6，如图3-38所示。

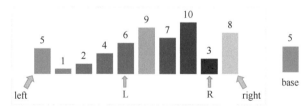

图 3-38

交换L指向的6、R指向的3，如图3-39所示。

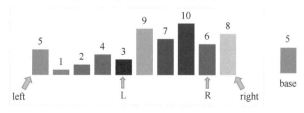

图 3-39

继续让 R 向左侧寻找第一个比 base 小的元素，R 找到了 3，此时 L<R 不成立，查找结束，如图 3-40 所示。

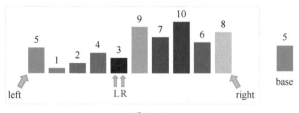

图 3-40

为了把 base 放到合适的位置，交换 L 指向的 3、left 指向的基准值 5，如图 3-41 所示。

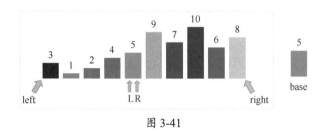

图 3-41

此时元素 5 左侧的元素均比它小、元素 5 右侧的元素均比它大，将 5 设为已排序区域，如图 3-42 所示。

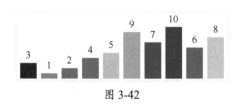

图 3-42

为了将左侧区域排序，重新设定相应的 left、right、base，如图 3-43 所示。

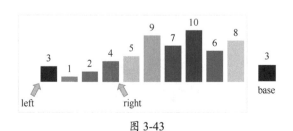

图 3-43

迭代运行，可以将左侧区域排好序，如图3-44所示。

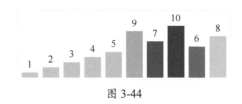

图 3-44

为了将右侧区域排序，同样重新设定相应的left、right、base，如图3-45所示。

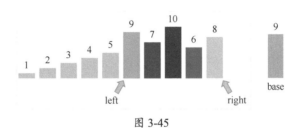

图 3-45

迭代运行，最终可以完成对整个数组的排序，如图3-46所示。

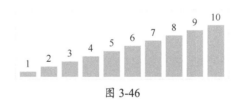

图 3-46

快速排序算法的伪代码如下。

```
1    QuickSort(array, left, right)
2        base = array[left]
3        将比base小的元素移动到左边、比base大的移动到右边、base元素序号设为b
4        QuickSort(array, left, b-1)
5        QuickSort(array, b+1, right)
```

快速排序算法的完整代码如3-4-1.cpp所示。

3-4-1.cpp

```
1    #include <conio.h>
2    #include <stdio.h>
3
4    #define ARRAYLEN 10 //数组长度
5
```

```
6    // 定义函数，输出一维数组
7    void PrintArray(int array[], int n)
8    {
9        for (int i = 0; i < n; i++)
10           printf("%d ", array[i]);
11       printf("\n");
12   }
13
14   // 快速排序函数
15   // 参数为数组名、排序范围的左右元素序号
16   void QuickSort(int array[], int left, int right)
17   {
18       // 当left序号大于等于right序号时，返回
19       if (left >= right)
20           return;
21
22       // 以最左边的数（left）为基准
23       int base = array[left];
24
25       // 记录要处理的元素的序号
26       int L = left;
27       int R = right;
28
29       // 循环执行，将比base小的元素放到左侧，比base大的元素放到右侧
30       while (L < R)
31       {
32           // 从右侧开始，向左遍历，直到找到小于base的数
33           while (L < R && array[R] >= base)
34               R--;
35           // 从左侧开始，向右遍历，直到找到大于base的数
36           while (L < R && array[L] <= base)
37               L++;
38           // 交换两个元素的值，使得比base小的数在左侧，比base大的数在右侧
39           int temp = array[R];
40           array[R] = array[L];
41           array[L] = temp;
42       }
43       // 把base（array[left]）和a[L]交换位置，正好让base分隔左侧和右侧
44       array[left] = array[L];
45       array[L] = base;
46
47       // 快速排序左侧数组元素
48       QuickSort(array, left, L - 1);
49       // 快速排序右侧数组元素
50       QuickSort(array, R +1, right);
51   }
52
53   int main()
54   {
```

```
55        // 要排序的数组
56        int nums[ARRAYLEN] = {5,1,2,8,6,9,7,10,3,4};
57        printf("数组排序前：\n");
58        PrintArray(nums, ARRAYLEN);
59
60        // 进行快速排序
61        QuickSort(nums, 0, ARRAYLEN - 1);
62
63        printf("数组排序后：\n");
64        PrintArray(nums, ARRAYLEN);
65        _getch();
66        return 0;
67    }
```

如果数组大小为 n，快速排序算法在平均情况下会通过基准值将数组对半分割为 $\log_2 n$ 层，每层进行 n 次操作，因此快速排序的平均时间复杂度为 $O(n\log_2 n)$。

结合 EasyX 的绘制功能，配套资源中的 3-4-2.cpp 实现了快速排序算法动态过程的可视化，扫描右侧二维码观看视频效果"3.4 快速排序算法的可视化"。

3.4 快速排序算法的可视化

3.5　拓展练习：查找算法和更多排序算法的可视化

读者可以尝试实现第 1 章中两种查找算法的可视化。配套资源中的 3-5-1.cpp 实现了顺序查找算法的可视化，扫描右侧二维码观看视频效果"3.5.1 顺序查找算法的可视化"。配套资源中的 3-5-2.cpp 实现了二分查找算法的可视化，扫描右侧二维码观看视频效果"3.5.2 二分查找算法的可视化"。

3.5.1 顺序查找算法的可视化

排序算法种类繁多，例如堆排序、归并排序、计数排序、桶排序等。读者可以在配套资源中找到上述 4 种排序算法的实现代码，并可扫描下方二维码观看视频效果。

3.5.2 二分查找算法的可视化

3.5.3 堆排序算法的可视化

3.5.4 归并排序算法的可视化

3.5.5 计数排序算法的可视化

3.5.6 桶排序算法的可视化

3.6　小结

本章主要讲解了插入排序、冒泡排序、选择排序、快速排序这4种排序算法，并实现得分排行榜的功能。本章还学习了对排序算法的过程进行可视化，以加深对算法的理解。

对于后续的算法学习，建议读者都像本章一样采取如下步骤：

1. 利用图形化的方法理解算法的核心思路，建立对算法的具象化的认识；

2. 学习算法的伪代码，进一步理解算法的详细步骤；

3. 学习算法的代码细节，学会算法在代码层次的实现；

4. 通过在线评测系统，将算法用于可视化、游戏开发等复杂问题，在实践中掌握算法的应用。

第4章　汉诺塔

在本章中，我们将实现一个图形显示、鼠标交互的汉诺塔游戏，并利用递归算法自动求解，如图4-1所示。

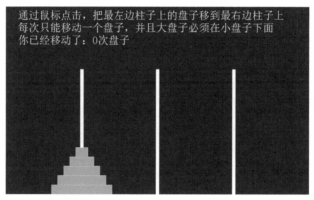

图 4-1

4.1　实现汉诺塔游戏

在汉诺塔游戏中，有编号为0、1、2的3根柱子。游戏初始，0号柱子上有n个盘子，盘子大小不等，大的在下，小的在上。要求将n个盘子从0号柱子移到2号柱子，可以借助1号柱子。每次只能移动一个盘子，3根柱子上需始终保持大盘在下、小盘在上，如图4-2所示。

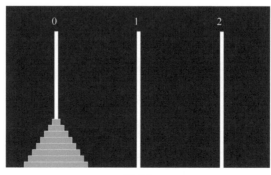

图 4-2

4.1.1 定义柱子结构体与可视化

首先定义结构体 Pillar，用于存储柱子的相关信息。Pillar 成员变量包括当前柱子上的盘子个数 dishesNum、当前柱子上的盘子序号数组 dishes[DISHNUM]。定义结构体数组 pillars[3] 存储 3 根柱子的信息。

在 2-4-1.cpp 的游戏程序框架的基础上添加代码，在 startup() 函数中对 pillars 进行初始化，在 show() 函数中绘制 pillars 的当前状态。完整代码参见 4-1-1.cpp，运行效果如图 4-3 所示。

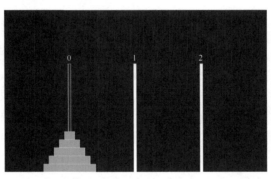

图 4-3

4-1-1.cpp

```
1    #include <graphics.h>
2    #include <conio.h>
3    #include <stdio.h>
4
5    // 盘子的个数，对应盘子的大小序号，从1到DISHNUM
6    # define DISHNUM 5
7
8    struct Pillar // 柱子结构体
9    {
10       int dishesNum; // 当前柱子上的盘子个数
11       // 先用数组存储当前柱子上所有盘子的序号，从上到下依次存储
12       int dishes[DISHNUM];
13   };
14
15   // 定义全局变量
16   const int windowWidth = 1000; // 屏幕宽度
17   const int windowHEIGHT = 600; // 屏幕高度
18   const int dishHeight = windowHEIGHT / DISHNUM / 4; // 盘子的高度，所有盘子的高度一样
19   const int dishUnitWidth = windowHEIGHT / DISHNUM / 6; // 盘子单位数值对应的宽度
20   struct Pillar pillars[3];  // 定义所有的柱子数组
21
22   void startup()  //  初始化函数
```

```
23    {
24        initgraph(windowWidth, windowHEIGHT);         // 新开窗口
25        setbkcolor(RGB(50, 50, 50));    // 设置背景颜色
26        cleardevice();      // 以背景颜色清空画面
27        BeginBatchDraw(); // 开始批量绘制
28
29        for (int i = 0; i < 3; i++) // 初始化所有的柱子数据
30        {
31            if (i == 0) // 起初所有盘子在0号柱子上
32            {
33                pillars[i].dishesNum = DISHNUM; // 设定柱子上的盘子个数
34                for (int j = 0; j < DISHNUM; j++)
35                    pillars[i].dishes[j] = j + 1; // 设定柱子上的盘子序号
36            }
37            else
38                pillars[i].dishesNum = 0; // 起初1号和2号柱子上没有盘子
39        }
40
41        setbkmode(TRANSPARENT); // 文字字体透明
42        settextcolor(YELLOW);// 设定文字颜色
43        settextstyle(35, 0, _T("宋体")); // 设置文字大小、字体
44    }
45
46    void show()  // 绘制函数
47    {
48        cleardevice();      // 以背景颜色清空画面
49
50        // 首先绘制3根柱子
51        int pillarWidth = 5; // 柱子的宽度
52        int pillarHeight = windowHEIGHT * 2 / 3; // 柱子的高度
53        for (int i = 0; i < 3; i++)
54        {
55            int center_x = windowWidth * (i + 1) / 4; // 当前柱子中心的x坐标
56            int left_x = center_x - pillarWidth;
57            int right_x = center_x + pillarWidth;
58            int top_y = windowHEIGHT - pillarHeight;
59            int bottom_y = windowHEIGHT;
60            setfillcolor(WHITE);
61            fillrectangle(left_x, top_y, right_x, bottom_y);   // 绘制当前柱
   子的矩形
62        }
63
64        // 根据pillars数组记录的信息，绘制柱子上的盘子图形
65        setfillcolor(GREEN);
66        for (int i = 0; i < 3; i++)
67        {
68            for (int j = 0; j < pillars[i].dishesNum; j++)
69            {
70                // 绘制当前柱子上序号为dishID的盘子信息
71                int dishID = pillars[i].dishes[j]; // 当前盘子的序号，序号
```

越大，盘子越大

```
72              int center_x = windowWidth * (i + 1) / 4; // 同当前柱子中心
的x坐标一样
73              int width = dishID * dishUnitWidth;
74              int left_x = center_x - width;
75              int right_x = center_x + width;
76              int bottom_y = windowHEIGHT - (pillars[i].dishesNum-j-1)*
dishHeight;
77              int top_y = bottom_y - dishHeight;
78              fillrectangle(left_x, top_y, right_x, bottom_y);  // 绘制当
前盘子的矩形
79          }
80      }
81
82      FlushBatchDraw(); // 批量绘制
83  }
84
85  void update()  // 更新
86  {
87  }
88
89  int main() //  主函数
90  {
91      startup();  // 初始化函数，仅执行一次
92      while (1)   // 一直循环
93      {
94          show();  // 进行绘制
95          update(); // 更新
96      }
97      return 0;
98  }
```

4.1.2　通过鼠标点击选中柱子

本节讲解如何实现通过鼠标点击选中柱子，完整代码参见配套资源中的4-1-2.cpp，扫描右侧二维码观看视频效果"4.1.2 通过鼠标点击选中柱子"。

4.1.2 通过鼠标
点击选中柱子

首先，为Pillar结构体添加isSelected成员变量，标记当前柱子是否被选中，代码如下。

4-1-2.cpp

```
8   struct Pillar // 柱子结构体
9   {
10      int dishesNum; // 当前柱子上的盘子个数
11      // 先用数组存储当前柱子上所有盘子的序号，从上到下依次存储
12      int dishes[DISHNUM];
13      int isSelected; // 选中状态，0表示未选中，1表示选中
14  };
```

鼠标是一种自然的交互方式，和2-3-1.cpp中的键盘交互代码类似，我们也可以实现基于鼠标点击的交互处理，代码如下。

```
1   MOUSEMSG m;          // 定义鼠标消息
2   if (MouseHit())      // 如果有鼠标消息
3   {
4       m = GetMouseMsg();        // 获得鼠标消息
5       if (m.uMsg == WM_LBUTTONDOWN) // 如果按下鼠标左键
6       {
7           // 执行相关操作
8           // m.x为当前鼠标的x坐标，m.y为当前鼠标的y坐标
9       }
10  }
```

添加update()函数代码，鼠标点击时，根据鼠标的x坐标判断选中的是几号柱子，并将选中的柱子设为红色。如果当前已有柱子被选中，则点击当前柱子表示取消其选中状态，代码如下。

4-1-2.cpp

```
90    void update() // 更新
91    {
92        MOUSEMSG m;        // 定义鼠标消息
93        int selectPillarID; // 被鼠标点击区域的柱子序号
94        if (MouseHit())    // 如果有鼠标消息
95        {
96            m = GetMouseMsg();  // 获得鼠标消息
97            if (m.uMsg == WM_LBUTTONDOWN) // 如果按下鼠标左键
98            {
99                if (m.x < windowWidth / 3) // 点击的是最左边的0号柱子
100                   selectPillarID = 0;
101               else if (m.x > windowWidth * 2 / 3) // 点击的是最右边的2号柱子
102                   selectPillarID = 2;
103               else // 点击的是中间的1号柱子
104                   selectPillarID = 1;
105
106               // 下面分情况讨论
107               if (pillars[selectPillarID].isSelected == 1)
108               {
109                   // 如果当前柱子是已选中状态，又点击了一次当前柱子，表
      示取消当前柱子的选中状态，并返回
110                   pillars[selectPillarID].isSelected = 0;
111                   return;
112               }
113               else if (pillars[0].isSelected + pillars[1].isSelected +
      pillars[2].isSelected == 0)
114               {
```

```
115                       // 如果当前柱子是未选中状态，并且没有其他柱子被选中，
         则将当前柱子设为已选中，并返回
116                       pillars[selectPillarID].isSelected = 1;
117                       return;
118                   }
119               else
120               {
121                       // 如果当前柱子是未选中状态，并且之前有另一个柱子已被
         选中，获得已选中柱子的序号，并返回
122                       int sourcePillarID;
123                       for (sourcePillarID = 0; sourcePillarID < 3;
         sourcePillarID++)
124                       {
125                           if (pillars[sourcePillarID].isSelected == 1)
126                               break;
127                       }
128                   }
129               }
130           }
131       }
```

在show()函数中添加代码，将未选中的柱子绘制为白色，将选中的柱子
绘制为红色，代码如下。

4-1-2.cpp

```
62           if (pillars[i].isSelected == 0) // 柱子为未选中状态，绘制为白色
63               setfillcolor(WHITE);
64           if (pillars[i].isSelected == 1) // 柱子为选中状态，绘制为红色
65               setfillcolor(RED);
66           fillrectangle(left_x, top_y, right_x, bottom_y);  // 绘制当前柱
         子的矩形
```

4-1-2.cpp的运行效果如图4-4所示。

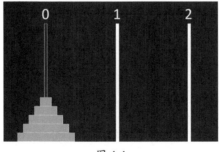

图 4-4

4.1.3　移动盘子

本节讲解如何实现移动盘子，完整代码参见配套资源中的4-1-3.cpp，扫描

右侧二维码观看视频效果"4.1.3 移动盘子"。

在upadate()函数中添加代码，如果已有柱子sourcePillarID被选中，此时鼠标在目标柱子selectPillarID上点击时，将已选中柱子最上面的盘子移动到目标柱子上，代码如下。

4.1.3 移动盘子

4-1-3.cpp

```
129   // 把selectPillarID柱子最上面的一个盘子移动到sourcePillarID上面
130   pillars[selectPillarID].dishesNum += 1;   // 目标柱子上盘子个数加1
131   // 目标柱子上，已有盘子向下移动，并在最上面添加一个盘子
132   for (int j = pillars[selectPillarID].dishesNum - 1; j > 0; j--)
133       pillars[selectPillarID].dishes[j] = pillars[selectPillarID].dishes
      [j - 1];
134   pillars[selectPillarID].dishes[0] = pillars[sourcePillarID].dishes[0];
135
136   // 原始柱子上，所有盘子向上移动，并将最上面的一个盘子去掉，盘子个数减1
137   pillars[sourcePillarID].dishesNum -= 1;   // 原始柱子上盘子个数减1
138   for (int j = 0; j < pillars[sourcePillarID].dishesNum; j++)
139       pillars[sourcePillarID].dishes[j] = pillars[sourcePillarID].dishes
      [j + 1];
140
141   // 无论是否可以移动，操作之后都把两个柱子的状态设为未选中状态
142   pillars[sourcePillarID].isSelected = 0;
143   pillars[selectPillarID].isSelected = 0;
```

4-1-3.cpp的运行效果如图4-5所示。

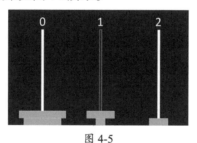

图 4-5

提示　用数组记录柱子上的盘子，操作起来有些麻烦。学完7.1节"常见数据结构"和7.2节"标准模板库"之后，读者可以回过头来思考，有没有更简单的方法来记录柱子上的盘子？

4.1.4　判断盘子是否可以移动

本节讲解如何判断盘子是否可以移动，完整代码参见配套资源中的4-1-4.cpp，扫描右侧二维码观看视频效果"4.1.4 判断盘子是否可以移动"。

4.1.4 判断盘子是否可以移动

　　在汉诺塔游戏中，只有当选中的盘子比目标柱子中最上面的一个盘子小时，才可以移动。比如，在图4-6所示的状态中，因为2号柱子上的盘子比1号柱子最上面的盘子大，所以不能将2号柱子上的盘子移动到1号柱子上。

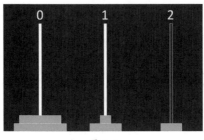

图 4-6

　　在update()函数中添加代码，判断是否可以移动盘子，代码如下。

4-1-4.cpp

```
131    // 判断能否移动：目标柱子上为空，或者
132    // 原始柱子最上面的一个盘子，比目标柱子最上面的一个盘子小
133    if (pillars[selectPillarID].dishesNum == 0 ||
134        pillars[sourcePillarID].dishes[0] < pillars[selectPillarID].
    dishes[0])
135    {
136        moveTime++; // 玩家移动次数加1
137
138        // 把selectPillarID柱子最上面的一个盘子移动到sourcePillarID柱子上
139        // 目标柱子上盘子个数加1
140        pillars[selectPillarID].dishesNum += 1;
141        // 目标柱子上，已有盘子向下移动，并在最上面添加一个盘子
142        for (int j = pillars[selectPillarID].dishesNum - 1; j > 0; j--)
143            pillars[selectPillarID].dishes[j] = pillars[selectPillarID].
    dishes[j-1];
144        pillars[selectPillarID].dishes[0] = pillars[sourcePillarID].
    dishes[0];
145
146        // 原始柱子上，所有盘子向上移动，并将最上面的一个盘子去掉，盘子个
    数减1
147        pillars[sourcePillarID].dishesNum -= 1;
148        for (int j = 0; j < pillars[sourcePillarID].dishesNum; j++)
149            pillars[sourcePillarID].dishes[j] = pillars[sourcePillarID].
    dishes[j+1];
150    }
```

4.1.5　提示信息与胜负判断

　　本节讲解如何输出提示信息与进行胜负判断，完整代码参见配套资源中

的4-1-5.cpp，扫描右侧二维码观看视频效果"4.1.5 提示信息与胜负判断"。

在show()函数中添加代码，在窗口上部输出一些提示信息，代码如下。

4-1-5.cpp

```
89      outtextxy(40, 10, _T("通过鼠标点击，把最左边柱子上的盘子移到最右边柱子上"));
90      outtextxy(40, 50, _T("每次只能移动一个盘子，并且大盘子必须在小盘子下面"));
91      TCHAR s[20]; // 定义字符串数组
92      swprintf_s(s, _T("你已经移动了：%d次盘子"), moveTime); // 转换为字符串
93      outtextxy(40, 90, s);
94      if (isWin)
95          outtextxy(40, 140, _T("恭喜你，游戏胜利！"));
```

变量isWin用于记录游戏胜负状态，将其初始化为0，代码如下。

4-1-5.cpp

```
21   int isWin = 0; // 游戏是否胜利，0为否，1为是
```

在update()函数中添加代码，当盘子全部移动到最右边柱子上时，游戏胜利，代码如下。

4-1-5.cpp

```
160    // 最右边柱子上的盘子个数达到DISHNUM，游戏胜利
161    if (pillars[2].dishesNum == DISHNUM)
162        isWin = 1;
```

4-1-5.cpp的运行效果如图4-7所示。

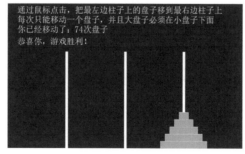

图 4-7

4.2　递归求解汉诺塔问题

一个函数直接或间接地调用自身叫作递归调用，比如求一个整数*n*的阶

乘 $n!=n \times (n-1) \times (n-2) \times \cdots \times 1$ 可以转换为递归调用的形式。

$$n! = \begin{cases} 1 & (n=1) \\ n \times (n-1)! & (n>1) \end{cases}$$

当 n 大于 1 时，n 的阶乘等于 n 乘 n-1 的阶乘；当 n=1 时，n 的阶乘等于 1。定义求阶乘函数 fac() 如 4-2-1.cpp 所示。

4-2-1.cpp

```
1    #include <conio.h>
2    #include <stdio.h>
3
4    int fac(int n)
5    {
6        int f;
7        if (n == 1)
8            f = 1;
9        else
10           f = n * fac(n - 1);
11       return (f);
12   }
13
14   int main()
15   {
16       int num = fac(5);
17       printf("5!= %d \n", num);
18       _getch();
19       return 0;
20   }
```

主函数中调用 fac(5)，输出结果如图 4-8 所示。

5!= 120

图 4-8

程序运行流程如图 4-9 所示。

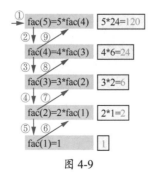

图 4-9

① 从主函数中开始调用fac(5)：进入fac()函数内部，$n=5$大于1，因此fac(5)=5*fac(4)。

② 开始调用fac(4)：进入fac ()函数内部，$n=4$大于1，因此fac(4)=4*fac(3)。

③ 开始调用fac(3)：进入fac ()函数内部，$n=3$大于1，因此fac(3)=3*fac2)。

④ 开始调用fac(2)：进入fac ()函数内部，$n=2$大于1，因此fac(2)=2*fac(1)。

⑤ 开始调用fac(1)：进入fac()函数内部，$n=1$，因此fac(1)=1，fac(1)运行结束。

⑥ 返回fac(2)：fac(2)=2*fac(1)=2*1=2，fac(2)运行结束。

⑦ 返回fac(3)：fac(3)=3*fac(2)=3*2=6，fac(3)运行结束。

⑧ 返回fac(4)：fac(4)=4*fac(3)=4*6=24，fac(4)运行结束。

⑨ 返回fac(5)：fac(5)=5*fac(4)=5*24=120，fac(5)运行结束。

⑩ 返回main()函数，最终输出120。

汉诺塔问题是用递归求解的一个经典问题，将n个盘子从A柱移到C柱可分解为3个步骤：

① 将A柱上$n-1$个盘子借助C柱移到B柱；

② 将A柱上剩下的一个盘子移到C柱；

③ 将B柱上的$n-1$个盘子借助A移到C柱。

其中①和③的操作是相同的，只是柱子的名称不同，因此3个步骤可分成两类操作：

● 将$n-1$个盘子从一根柱子移到另一根柱子上（$n>1$）；

● 将一个盘子从一根柱子移到另一根柱子上。

分别用两个函数实现以上两类操作：

● hanoi(n, one, two, three)实现将n个盘子从one柱借助two柱移到three柱；

● move(getone, putone)实现将一个盘子从getone柱移到putone柱。

one、two、three、getone、putone都代表A、B、C之一，根据各次不同情况取A、B、C代入。求解汉诺塔问题的完整代码如4-2-2.cpp所示。

4-2-2.cpp

```
1    #include <stdio.h>
2    #include <conio.h>
3
4    void move(char x, char  y)
5    {
6        printf("将盘子从 %c柱 移动到 %c柱\n", x, y);
```

```
7      }
8
9      void hanoi(int n, char A, char B, char C)
10     {
11         if (n == 1)
12             move(A, C);
13         else
14         {
15             hanoi(n - 1, A, C, B);
16             move(A, C);
17             hanoi(n - 1, B, A, C);
18         }
19     }
20
21     int main()
22     {
23         int n;
24         printf("请输入盘子的个数: ");
25         scanf_s("%d", &n);
26         hanoi(n, 'A', 'B', 'C');
27         _getch();
28         return 0;
29     }
```

输入盘子的个数为4，则输出4个盘子的汉诺塔问题的求解步骤，如图4-10
所示。

图 4-10

4.3　汉诺塔自动求解过程的可视化

将4-2-2.cpp与4-1-5.cpp整合得到4-3.cpp，即可实现汉诺塔自动求解过程的可视化，求解结果如图4-11所示，扫描下方二维码观看视频效果"4.3 汉诺塔自动求解过程的可视化"。

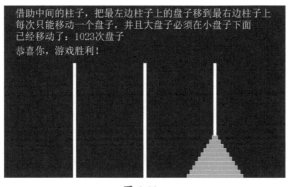

4.3 汉诺塔自动求解过程的可视化

图 4-11

4-3.cpp

```
1    #include <graphics.h>
2    #include <conio.h>
3    #include <stdio.h>
4
5    // 盘子的个数，对应盘子的大小序号，从1到DISHNUM
6    # define DISHNUM 8
7
8    struct Pillar // 柱子结构体
9    {
10       int dishesNum; // 当前柱子上的盘子个数
11       // 先用数组存储当前柱子上所有盘子的序号，从上到下依次存储
12       int dishes[DISHNUM];
13   };
14
15   // 定义全局变量
16   const int windowWidth = 1000; // 屏幕宽度
17   const int windowHEIGHT = 600; // 屏幕高度
18   const int dishHeight = windowHEIGHT / DISHNUM / 4; //盘子的高度，所有盘
     子的高度一样
19   const int dishUnitWidth = windowHEIGHT / DISHNUM / 6; // 盘子单位数值对
     应的宽度
20   struct Pillar pillars[3];  // 定义所有的柱子数组
21   int isWin = 0; // 游戏是否胜利，0为否，1为是
22   int moveTime = 0; // 玩家移动次数
23
24   void startup()  //  初始化函数
```

```
25      {
26          initgraph(windowWidth, windowHEIGHT);          // 新开窗口
27          setbkcolor(RGB(50, 50, 50));    // 设置背景颜色
28          cleardevice();      // 以背景颜色清空画面
29          BeginBatchDraw();  // 开始批量绘制
30
31          for (int i = 0; i < 3; i++) // 初始化所有的柱子数据
32          {
33              if (i == 0) // 起初所有盘子在0号柱子上
34              {
35                  pillars[i].dishesNum = DISHNUM; // 设定柱子上的盘子个数
36                  for (int j = 0; j < DISHNUM; j++)
37                      pillars[i].dishes[j] = j + 1; // 设定柱子上的盘子序号
38              }
39              else
40                  pillars[i].dishesNum = 0; // 起初另外两个柱子上面没有盘子
41          }
42
43          setbkmode(TRANSPARENT); // 文字字体透明
44          settextcolor(YELLOW);// 设定文字颜色
45          settextstyle(35, 0, _T("宋体")); // 设置文字大小、字体
46      }
47
48      void show()  // 绘制函数
49      {
50          cleardevice();      // 以背景颜色清空画面
51
52          // 首先绘制3根柱子
53          int pillarWidth = 5; // 柱子的宽度
54          int pillarHeight = windowHEIGHT * 2 / 3; // 柱子的高度
55          for (int i = 0; i < 3; i++)
56          {
57              int center_x = windowWidth * (i + 1) / 4; // 当前柱子中心的x坐标
58              int left_x = center_x - pillarWidth;
59              int right_x = center_x + pillarWidth;
60              int top_y = windowHEIGHT - pillarHeight;
61              int bottom_y = windowHEIGHT;
62              setfillcolor(WHITE);
63              fillrectangle(left_x, top_y, right_x, bottom_y);  // 绘制当前
    柱子的矩形
64          }
65
66          // 根据pillars数组记录的信息，绘制柱子上的盘子图形
67          setfillcolor(GREEN);
68          for (int i = 0; i < 3; i++)
69          {
70              for (int j = 0; j < pillars[i].dishesNum; j++)
71              {
72                  // 绘制当前柱子上序号为dishID的盘子信息
73                  int dishID = pillars[i].dishes[j]; // 当前盘子的序号，序号
```

越大，盘子越大

```
74            int center_x = windowWidth * (i + 1) / 4; // 同当前柱子中
```
心的x坐标一样
```
75            int width = dishID * dishUnitWidth;
76            int left_x = center_x - width;
77            int right_x = center_x + width;
78            int bottom_y = windowHEIGHT-(pillars[i].dishesNum-j-1) *
```
dishHeight;
```
79            int top_y = bottom_y - dishHeight;
80            fillrectangle(left_x, top_y, right_x, bottom_y);  // 绘制
```
当前盘子的矩形
```
81        }
82      }
83
84    outtextxy(40, 10, _T("借助中间的柱子，把最左边柱子上的盘子移到最右
```
边柱子上"));
```
85    outtextxy(40, 50, _T("每次只能移动一个盘子，并且大盘子必须在小盘子
```
下面"));
```
86    TCHAR s[20]; // 定义字符串数组
87    swprintf_s(s, _T("已经移动了: %d次盘子"), moveTime); // 转换为字符串
88    outtextxy(40, 90, s);
89    if (isWin)
90        outtextxy(40, 140, _T("恭喜你，游戏胜利！"));
91
92    FlushBatchDraw(); // 批量绘制
93    Sleep(200);
94  }
95
96  void move(int sourcePillarID, int selectPillarID) // 移动盘子和绘制动
```
画函数
```
97  {
98    show();
99    moveTime++; // 玩家移动次数加1
100
101    // 把selectPillarID柱子最上面的一个盘子移动到sourcePillarID柱子上
102    // 目标柱子上盘子个数加1
103    pillars[selectPillarID].dishesNum += 1;
104    // 目标柱子上，已有盘子向下移动，并在最上面添加一个盘子
105    for (int j = pillars[selectPillarID].dishesNum - 1; j > 0; j--)
106        pillars[selectPillarID].dishes[j]=pillars[selectPillarID].
   dishes[j-1];
107    pillars[selectPillarID].dishes[0] = pillars[sourcePillarID].
   dishes[0];
108
109    // 原始柱子上，所有盘子向上移动，并将最上面的一个盘子去掉，盘子个
   数减1
110    pillars[sourcePillarID].dishesNum -= 1;
111    for (int j = 0; j < pillars[sourcePillarID].dishesNum; j++)
112        pillars[sourcePillarID].dishes[j]=pillars[sourcePillarID].
   dishes[j+1];
```

```
113
114          // 最右边柱子上的盘子个数达到DISHNUM，游戏胜利
115          if (pillars[2].dishesNum == DISHNUM)
116              isWin = 1;
117
118          show();
119      }
120
121      // 递归求解汉诺塔
122      void hanoi(int n, int A, int B, int C)
123      {
124          if (n == 1)
125              move(A, C);
126          else
127          {
128              hanoi(n - 1, A, C, B);
129              move(A, C);
130              hanoi(n - 1, B, A, C);
131          }
132      }
133
134      int main() //  主函数
135      {
136          startup();  // 初始化函数，仅执行一次
137          // 把DISHNUM个盘子，从0号柱子，借助1号柱子，移动到2号柱子上
138          hanoi(DISHNUM, 0, 1, 2);
139          _getch();
140          return 0;
141      }
```

4.4　拓展练习：绘制分形树

　　读者可以尝试利用递归和图形绘制的功能，按照图4-12提示的步骤，绘制一棵递归分形树。

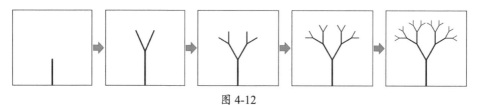

图 4-12

绘制分形树的过程可抽象为如下步骤：

① 绘制一个树干；

② 绘制其左边的子树干、绘制其右边的子树干，子树干逐渐变短；

③ 当树干过短时停止生成子树干。

　　定义函数brunch()绘制树干，如果树干长度较长，则递归调用brunch()函数绘制其左右两边的子树干。代码实现可参考4-4.cpp，绘制效果如图4-13所示。

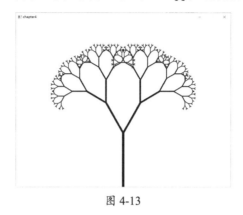

图 4-13

4.5　小结

　　本章主要讲解了汉诺塔游戏的实现，并利用递归调用自动求解。作为一种非常强大的算法，递归也用于快速排序、回溯、图的搜索、动态规划等众多算法的实现。

第5章 八皇后

在本章中，我们将实现八皇后游戏。如图5-1所示，玩家在8行8列的国际象棋棋盘上放置8个皇后，要求所有皇后之间无法互相攻击（任意两个皇后不在同一行、同一列或同一对角线上）。

我们首先实现图形显示、鼠标交互的八皇后游戏，然后分别用暴力搜索算法和回溯算法进行求解，最后实现八皇后游戏自动求解过程的可视化。

图 5-1

5.1 实现八皇后游戏

5.1.1 绘制棋盘和提示信息

首先编写代码，绘制国际象棋棋盘并输出游戏的提示信息。完整代码参见5-1-1.cpp，运行效果如图5-2所示。

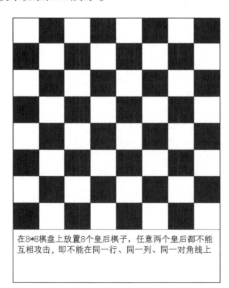

在8*8棋盘上放置8个皇后棋子，任意两个皇后都不能互相攻击，即不能在同一行、同一列、同一对角线上

图 5-2

在show()函数中，利用两重循环绘制8行8列的方格。当方格的行号i与列号j之和为偶数时，绘制白色方格；为奇数时，绘制黑色方格。如此即绘制出图5-2中的国际象棋棋盘。

5-1-1.cpp

```
1   #include <graphics.h>
2   #include <conio.h>
3   #include <stdio.h>
4   #include <math.h>
5   #include "EasyXPng.h"
6
7   // 棋盘的行、列数
8   # define N 8
9   const int blockLength = 70; // 棋盘一格小正方形的边长
10
11  void startup()  //  初始化函数
12  {
13      int windowWidth = N * blockLength; // 屏幕宽度
14      int windowHEIGHT = (N + 1.5) * blockLength; // 屏幕高度
15
16      initgraph(windowWidth, windowHEIGHT);        // 新开窗口
17      setbkcolor(WHITE);    // 设置背景颜色
18      cleardevice();     // 以背景颜色清空画面
19      BeginBatchDraw(); // 开始批量绘制
20
21      setbkmode(TRANSPARENT); // 文字字体透明
22      settextstyle(blockLength / 3, 0, _T("宋体")); // 设置文字大小、字体
23  }
24
25  void show()  // 绘制函数
26  {
27      cleardevice();      // 以背景颜色清空画面
28      // 绘制黑白棋盘格
29      setlinecolor(RGB(120, 120, 120));
30      for (int i = 0; i < N; i++)  // 行遍历
31      {
32          for (int j = 0; j < N; j++)   // 列遍历
33          {
34              if ((i + j) % 2 == 0)
35                  setfillcolor(WHITE);   // 设为白色
36              else
37                  setfillcolor(BLACK);   // 设为黑色
38               // 绘制方格
39              fillrectangle(j * blockLength, i * blockLength, (j + 1) *
    blockLength, (i + 1) * blockLength);
40          }
41      }
42
43      TCHAR s[50]; // 定义字符串数组
```

```
44      swprintf_s(s, _T("在%d*%d棋盘上放置%d个皇后棋子，任意两个皇后都不能"),
   N, N, N);
45      settextcolor(BLACK);// 设定文字颜色
46      outtextxy(10, (N + 0.2) * blockLength, s);
47      outtextxy(10, (N + 0.6) * blockLength, _T("互相攻击，即不能在同一行、
   同一列、同一对角线上"));
48
49      FlushBatchDraw(); //  批量绘制
50  }
51
52  void update()  // 更新
53  {
54  }
55
56  int main()
57  {
58      startup();  // 初始化函数，仅执行一次
59      while (1)    // 一直循环
60      {
61          show();  // 进行绘制
62          update(); // 更新
63      }
64      return 0;
65  }
```

5.1.2   通过鼠标交互绘制皇后棋子

5.1.2 通过鼠标
交互绘制皇后
棋子

本节讲解如何通过鼠标交互绘制皇后棋子，完整代码参见配套资源中的5-1-2.cpp，扫描右侧二维码观看视频效果"5.1.2 通过鼠标交互绘制皇后棋子"。

首先，定义图片变量，代码如下。

5-1-2.cpp

```
11  IMAGE imQueen; // 皇后皇冠图片
```

将"\第5章\图片素材\"下的图片复制到工程目录下，在startup()函数中添加代码，导入皇后皇冠图片，代码如下。

5-1-2.cpp

```
18  loadimage(&imQueen, _T("皇冠.png")); // 导入皇后皇冠图片
```

定义数组queens存储每一行皇后所在的列号，为了简化处理，设定每一行棋盘上只能有一个皇后棋子，代码如下。

5-1-2.cpp

```
10  int queens[N]; // 对应第0行到第N-1行皇后所在的列号
```

在startup()函数中进行初始化，代码如下。

5-1-2.cpp

```
20    for (int i = 0; i < N; i++)
21    {
22        queens[i] = -1; // 初始化为空，表示还没有下棋
23    }
```

添加upadate()函数代码，鼠标点击时，根据鼠标位置得到对应棋盘格的行、列序号，设定数组queens的对应元素值，代码如下。

5-1-2.cpp

```
69    void update()  // 更新
70    {
71        MOUSEMSG m;        // 定义鼠标消息
72        if (MouseHit())    // 如果有鼠标消息
73        {
74            m = GetMouseMsg();  // 获得鼠标消息
75            if (m.uMsg == WM_LBUTTONDOWN) // 如果按下鼠标左键
76            {
77                // 首先获得用户点击的对应棋盘格的行号、列号
78                int i = m.y / blockLength;
79                int j = m.x / blockLength;
80
81                // 如果点击的是已有的棋子，将这个棋子去除
82                if (queens[i] == j)
83                    queens[i] = -1;
84                else // 更新queens数组，确保每一行最多只有一列上面有棋子
85                    queens[i] = j;
86            }
87        }
88    }
```

在show()函数中，根据queens的元素值，在棋盘相应位置绘制皇后图片，代码如下。

5-1-2.cpp

```
52        // 绘制对应的棋子
53        for (int i = 0; i < N; i++) // 对行遍历
54        {
55            int j = queens[i];
56            if (j >= 0) // 不是-1，表示非空，才绘制棋子
57                putimagePng(j * blockLength, i * blockLength, &imQueen);
58        }
```

5-1-2.cpp的运行效果如图5-3所示。

在8*8棋盘上放置8个皇后棋子，任意两个皇后都不能
互相攻击，即不能在同一行、同一列、同一对角线上

图 5-3

5.1.3　游戏胜负判断

本节讲解如何实现游戏胜负判断，完整代码参见配套资源
中的5-1-3.cpp，扫描右侧二维码观看视频效果"5.1.3 游戏胜负
判断"。

5.1.3 游戏胜负
判断

设定imQueen存储表示正确的黄色皇冠图片，imQueenRed存储表示出错
的红色皇冠图片，定义数组QueenImages存储N个皇后棋子所各自显示的皇冠
图片，代码如下。

5-1-3.cpp

```
1    IMAGE imQueen, imQueenRed; // 表示正确的黄色皇冠图片，表示出错的红色皇冠图片
2    IMAGE QueenImages[N]; // 对应N个棋子所各自显示的皇冠图片
```

添加checkBoard()函数，验证8个皇后之间能否相互攻击，即是否有两
个皇后在同一行、同一列或同一对角线上。能够互相攻击的皇后棋子，设置
为红色皇冠图片；不能相互攻击的皇后棋子，设置为黄色皇冠图片，代码
如下。

5-1-3.cpp

```
15   // 验证皇后棋子间是否可以相互攻击
16   void checkBoard()
17   {
18       for (int i = 0; i < N; i++)
19           QueenImages[i] = imQueen; // 棋子默认为黄色皇冠图片
```

```
20
21          int isFailure = 0; // 游戏是否失败，默认为否
22          for (int i = 0; i < N; i++) // 对i遍历
23          {
24              for (int j = i + 1; j < N; j++) // 对j遍历
25              {
26                  // 如果第j行棋子和第i行棋子在同一列，或者在一条对角线上
27                  if (queens[j] == queens[i] || abs(j-i) == abs(queens[j]-
    queens[i]))
28                  {
29                      // 将有冲突的两个棋子设为红色皇冠图片
30                      QueenImages[i] = imQueenRed;
31                      QueenImages[j] = imQueenRed;
32                      isFailure = 1; // 游戏失败
33                  }
34              }
35          }
36          if (isFailure) // 更新游戏状态参数值
37              gameStatus = -1;  // 游戏失败
38          else
39              gameStatus = 1;   // 游戏胜利
40      }
```

如果游戏失败，将相互攻击的棋子显示为红色皇冠图片，并输出游戏失败的提示信息，如图5-4所示；如果游戏胜利，所有棋子显示为黄色皇冠图片，并输出游戏成功的提示信息，如图5-5所示。

在8*8棋盘上放置8个皇后棋子，任意两个皇后都不能互相攻击，即不能在同一行、同一列、同一对角线上皇后摆放错误，请注意提示的红色棋子！

在8*8棋盘上放置8个皇后棋子，任意两个皇后都不能互相攻击，即不能在同一行、同一列、同一对角线上皇后摆放正确！

图 5-4   图 5-5

5.2　暴力搜索

读者可以尝试玩一下 5-1-3.cpp 实现的八皇后游戏，想要找到一种正确的摆法并不容易。如果要找到所有正确的摆法，几乎只能依赖计算机来实现。

编程求解八皇后问题最直接的方法是暴力搜索，也叫穷举法，即循环遍历每一种可能的摆法，验证这种摆法是否可行。

5.2.1　八重 for 循环输出八皇后的所有摆法

为了聚焦在算法的实现上，对输出部分进行简化，利用 printf("*") 输出棋盘上的皇后，printf("0") 输出棋盘上的空白。5-2-1.cpp 利用八重 for 循环，输出八皇后的所有摆法，运行效果如图 5-6 所示，扫描下方二维码观看视频效果"5.2.1 八重 for 循环输出八皇后的所有摆法"。

图 5-6

5.2.1 八重 for 循环输出八皇后的所有摆法

5-2-1.cpp

```
1    #include <conio.h>
2    #include <stdio.h>
3    #include <stdlib.h>
4    #include <windows.h>
5
6    // 棋盘的行、列数
7    # define N 8
8    int board[N][N] = { 0 }; // 对应棋盘布局，0为空，1为有棋子
9    int queens[N]; // 对应第0行到第N行皇后所在的列号，初始全部设为-1
10
11   // 绘制棋盘
12   void printBoard()
13   {
14       system("cls"); // 清空画面
```

```
15          for (int i = 0; i < N; i++) // 对行遍历
16          {
17              for (int j = 0; j < N; j++)
18              {
19                  if (j == queens[i])
20                      printf("*");   // 输出皇后
21                  else
22                      printf("O");   // 输出空白棋盘
23              }
24              printf("\n");
25          }
26      }
27
28      int main() //   主函数
29      {
30          for (int i = 0; i < N; i++)
31              queens[i] = -1;
32
33          for (queens[0] = 0; queens[0] < N; queens[0]++)
34          {
35              for (queens[1] = 0; queens[1] < N; queens[1]++)
36              {
37                  for (queens[2] = 0; queens[2] < N; queens[2]++)
38                  {
39                      for (queens[3] = 0; queens[3] < N; queens[3]++)
40                      {
41                          for (queens[4] = 0; queens[4] < N; queens[4]++)
42                          {
43                              for (queens[5] = 0; queens[5] < N; queens[5]++)
44                              {
45                                  for (queens[6] = 0; queens[6] < N; queens
[6]++)
46                                  {
47                                      for (queens[7] = 0; queens[7] < N;
queens[7]++)
48                                      {
49                                          printBoard();
50                                      }
51                                  }
52                              }
53                          }
54                      }
55                  }
56              }
57          }
58
59          _getch();
60          return 0;
61      }
```

5.2.2 暴力搜索求出八皇后的所有摆法

本节利用暴力搜索求出所有正确摆法，完整代码参见配套资源中的5-2-2.

cpp，扫描右侧二维码观看视频效果"5.2.2 暴力搜索求出八皇后的所有摆法"。

添加 checkBoard() 函数，验证 8 个皇后之间能否相互攻击，代码如下。

5.2.2 暴力搜索求出八皇后的所有摆法

5-2-2.cpp

```
10    // 验证皇后棋子间是否没有冲突
11    int checkBoard(int qs[])
12    {
13        for (int i = 0; i < N; i++) // 对i遍历
14        {
15            for (int j = i + 1; j < N; j++) // 对j遍历
16            {
17                // 如果第j行棋子和第i行棋子在同一列，或者在一条对角线上
18                if (qs[j] == qs[i] || abs(j - i) == abs(qs[j] - qs[i]))
19                {
20                    return 0;
21                }
22            }
23        }
24        return 1;
25    }
```

在 8 重 for 循环最内层，如果八皇后满足条件，则输出当前棋盘状态，代码如下。

5-2-2.cpp

```
64                if (checkBoard(queens))
65                {
66                    printBoard(queens);
67                    solutionNum++;
68                    printf("第%d种解。\n", solutionNum);
69                    Sleep(200);
70                }
```

利用暴力搜索，计算机可以很快求出八皇后问题的所有 92 种摆放方式，如图 5-7 所示。

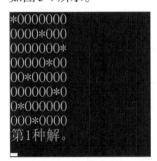

图 5-7

5.3 回溯

利用暴力搜索求解八皇后摆法，有两个问题。

第一个问题是，八皇后求解需要8重for循环，如果是20行20列棋盘上的二十皇后摆放问题，需要用20重for循环语句，代码过于烦琐。

第二个问题是，当摆放的前几个皇后已经出现互相攻击时，不需要对后面的皇后继续遍历，应该直接终止当前状态的搜索，更新上一个皇后的位置并继续搜索，避免无用的遍历。比如图5-8的状态，第3行的皇后和第2行的皇后在同一对角线上，可以相互攻击，这时不需要遍历第4行皇后的位置，而应直接让第3行的皇后尝试右移一个位置。

图 5-8

当发现当前状态得不到解时，停止当前搜索并返回上一状态继续搜索，这样的方法称为回溯。利用回溯方法，可以更有效地求解N皇后问题，其伪代码如下。

1	从第1行开始，依次摆放第1行、第2行、第3行……皇后的位置，保证已摆放的所有皇后不能相互攻击
2	如果摆到第i行的皇后和之前的皇后相互攻击
3	如果第i行还有其他候选位置，尝试在第i行的下一个摆放位置
4	如果第i行所有位置都尝试过，则返回第i-1行继续处理第i-1行的下一个摆放位置
5	如果摆到第N行，所有皇后没有冲突，则为一组解

利用回溯算法求解N皇后问题的完整代码参见配套资源中的5-3-1.cpp。下面对5-3-1.cpp中的一些关键内容进行讲解。

在checkBoard函数中判断第n行的皇后棋子和前面几行的棋子之间是否有冲突。

5-3-1.cpp

```cpp
10  // 检验第n行的皇后棋子和前面几行的棋子之间是否没有冲突
11  int checkBoard(int qs[], int n)
12  {
13      for (int i = 0; i < n; i++) // 对行遍历
14      {
15          // 如果第n行棋子和第i行棋子在同一列，或者在一条对角线上
16          if (qs[i] == qs[n] || abs(i - n) == abs(qs[i] - qs[n]))
17          {
18              return 0;
19          }
20      }
21      return 1;
22  }
```

按照前述伪代码，实现基于回溯的八皇后问题求解，代码如下。

5-3-1.cpp

```cpp
44  int queens[N] = { 0 }; // 对应第0行到第N-1行，皇后所在的列号
45  int solutionNum = 0; // 解的个数
46
47  int cRow = 0; // 表示当前正在尝试第几行皇后的位置（current Row）
48  while (cRow >= 0) // cRow小于0，说明整个棋盘的解全部遍历完了
49  {
50      for (; queens[cRow] < N; queens[cRow]++) // cRow行的皇后，逐渐尝试
    右边列的位置
51      {
52          //如果cRow行的皇后与之前行的皇后没有冲突，则break跳出循环
53          if (checkBoard(queens, cRow))
54              break;
55      }
56
57      if (queens[cRow] < N) // 如果满足，即上面的for循环是由“break;”跳
    出来的，即第cRow行皇后的位置符合条件
58      {
59          if (cRow == N - 1) // cRow是最后一行的皇后，表示找到一组解，输出
60          {
61              solutionNum++;
62              printBoard(queens); // 输出当前解的棋盘
63              printf("第%d种解。\n", solutionNum);
64              cRow--; // 回溯到上一步，后面继续找下一组解
65              queens[cRow]++;  // 将前一行的皇后移动到右边一列
66          }
67          else // 未找完
68          {
69              cRow++; // 开始找下一行
70              queens[cRow] = 0; // 将下一行的皇后初始化到最左边一列
71          }
72      }
73      else // 当前找完了，都没有解
74      {
```

```
75          cRow--; // 回溯
76          queens[cRow]++;  // 将前一行的皇后移动到右边一列
77      }
78  }
```

将 5-3-1.cpp 中第 8 行代码改成 # define N 20，即可求解二十皇后问题。求解出的一种摆法如图 5-9 所示。

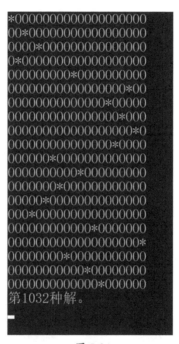

图 5-9

N 皇后问题也可以用递归的方式实现回溯求解，代码更加简洁、易懂，完整代码见配套资源中的 5-3-2.cpp，下面展示其中的关键部分。

5-3-2.cpp

```
43  // 用递归方法，处理N*N棋盘第n行中所有可能的皇后位置
44  void solve(int qs[], int n)
45  {
46      for (int i = 0; i < N; i++)
47      {
48          qs[n] = i; // 遍历第n行的所有列，尝试所有可能的皇后摆放方案
49          if (checkBoard(qs, n)) //如果第n行的皇后与之前行的皇后没有冲突
50          {
51              // 还没有找全所有的N个皇后，继续递归调用查找下一行皇后的位置
52              if (n < N - 1)
53                  solve(qs, n + 1);
54              else // n是最后一行的皇后，表示找到一组解，输出
55              {
```

```
56                    solutionNum++;
57                    printBoard(qs); // 输出当前解的棋盘
58                    printf("第%d种解。\n", solutionNum);
59                }
60            }
61        }
62    }
63
64    int main() //  主函数
65    {
66        int queens[N] = { 0 }; // 对应第0行到第N-1行皇后所在的列号
67        solve(queens, 0);
68        return 0;
69    }
```

　　函数 solve(int qs[], int n) 处理 $N \times N$ 棋盘上从第 n 行开始的所有可能的皇后位置。在 for 循环中，如果 checkBoard(qs, n) 为真，即第 n 行的皇后与之前行的皇后没有冲突，则继续递归调用 solve(qs, n + 1) 查找下面的皇后位置；否则，继续执行 for 语句中的 i++，相当于进行回溯，将第 n 行的皇后移至下一列的位置。

5.4　八皇后游戏自动求解过程的可视化

　　将 5-3-2.cpp 与 5-1-3.cpp 整合成 5-4.cpp，即可实现八皇后游戏自动求解过程的可视化，如图 5-10 所示，扫描下方二维码观看视频效果 "5.4 八皇后游戏自动求解过程的可视化"。

图 5-10

5.4 八皇后游戏自动求解过程的可视化

5-4.cpp

```cpp
1    #include <graphics.h>
2    #include <conio.h>
3    #include <stdio.h>
4    #include <math.h>
5    #include "EasyXPng.h"
6
7    // 棋盘的行、列数
8    # define N 8
9    const int blockLength = 70; // 棋盘一格小正方形的边长
10   int queens[N]; // 对应第0行到第N-1行皇后所在的列号
11   int solutionNum = 0; // 解的个数
12   int solveStatus = 0; // 0表示求解中，1表示找到结果了
13   IMAGE imQueen; // 皇后皇冠图片
14
15   // 检验第n行的皇后棋子和前面几行的棋子间是否没有冲突
16   int checkBoard(int qs[], int n)
17   {
18       for (int i = 0; i < n; i++) // 对行遍历
19       {
20           // 如果第n行棋子和第i行棋子在同一列，或者在一条对角线上
21           if (qs[i] == qs[n] || abs(i - n) == abs(qs[i] - qs[n]))
22               return 0;
23       }
24       return 1;
25   }
26
27   void startup()  //  初始化函数
28   {
29       int windowWidth = N * blockLength; // 屏幕宽度
30       int windowHEIGHT = (N + 1.5) * blockLength; // 屏幕高度
31       initgraph(windowWidth, windowHEIGHT);        // 新开窗口
32       setbkcolor(WHITE);    // 设置背景颜色
33       cleardevice();     // 以背景颜色清空画面
34       BeginBatchDraw(); // 开始批量绘制
35       setbkmode(TRANSPARENT); // 文字字体透明
36       settextstyle(blockLength / 3, 0, _T("宋体")); // 设置文字大小、字体
37       loadimage(&imQueen, _T("皇冠.png")); // 导入皇后皇冠图片
38   }
39
40   void show()  // 绘制函数
41   {
42       cleardevice();    // 以背景颜色清空画面
43       // 绘制黑白棋盘格
44       setlinecolor(RGB(120, 120, 120));
45       for (int i = 0; i < N; i++)  // 行遍历
46       {
47           for (int j = 0; j < N; j++)   // 列遍历
48           {
```

```
49                  if ((i + j) % 2 == 0)
50                      setfillcolor(WHITE);   // 设为白色
51                  else
52                      setfillcolor(BLACK);   // 设为黑色
53                  // 绘制方格
54                  fillrectangle(j * blockLength, i * blockLength, (j + 1) *
     blockLength, (i + 1) * blockLength);
55              }
56          }
57
58          // 绘制对应的棋子
59          for (int i = 0; i < N; i++) // 对行遍历
60          {
61              int j = queens[i]; // 第i行皇后棋子所在的列j
62              putimagePng(j * blockLength, i * blockLength, &imQueen);
63          }
64
65          settextcolor(BLACK);// 设定文字颜色
66          TCHAR s[50]; // 定义字符串数组
67          swprintf_s(s, _T("在%d*%d棋盘上放置%d个皇后棋子，任意两个皇后都不
     能"), N, N, N);
68          outtextxy(10, (N + 0.2) * blockLength, s);
69          outtextxy(10, (N + 0.6) * blockLength, _T("互相攻击，即不能在同一
     行、同一列、同一对角线上"));
70          if (solveStatus == 0)
71          {
72              settextcolor(RED);// 设定文字颜色
73              outtextxy(10, (N + 1.0) * blockLength, _T("正在求解中……"));
74          }
75          else
76          {
77              settextcolor(GREEN);// 设定文字颜色
78              swprintf_s(s, _T("第%d种摆放方法"), solutionNum);
79              outtextxy(10, (N + 1.0) * blockLength, s);
80          }
81
82          FlushBatchDraw();  //   批量绘制
83          Sleep(1); // 暂停若干毫秒
84      }
85
86      // 用递归方法，处理N*N棋盘第n行中所有可能的皇后位置
87      void solve(int qs[], int n)
88      {
89          for (int i = 0; i < N; i++)
90          {
91              qs[n] = i; // 遍历第n行皇后的位置，尝试所有的列
92              show(); // 加入这行，显示出试着摆放棋子的中间状态
93              if (checkBoard(qs, n)) //如果第n行的皇后与之前行的皇后没有冲突
94              {
95                  // 还没有找全所有的N个皇后，继续递归调用查找下一行皇后的位置
```

```
96              if (n < N - 1)
97                  solve(qs, n + 1);
98              else // n是最后一行的皇后，表示找到一组解，输出
99              {
100                 solutionNum++;
101                 solveStatus = 1;
102                 show(); // 输出当前解的棋盘
103                 Sleep(2000); // 找到正确的棋盘后，暂停
104                 solveStatus = 0;
105             }
106         }
107     }
108 }
109
110 int main()
111 {
112     startup();  // 初始化函数，仅执行一次
113     solve(queens, 0);
114     _getch();
115     return 0;
116 }
```

5.5 拓展练习：一笔画游戏、数独游戏

读者可以尝试实现一笔画游戏。如图 5-11 所示，玩家用鼠标一笔画过所有方格时，游戏胜利。代码实现可参考 5-5-1.cpp，扫描下方二维码观看视频效果"5.5.1 一笔画游戏"。进一步利用回溯算法自动求解一笔画游戏，代码实现可参考 5-5-2.cpp，扫描下方二维码观看视频效果"5.5.2 一笔画游戏的自动求解"。读者也可以增加更多关卡，进一步完善游戏。

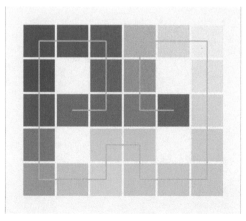

5.5.1 一笔画游戏

5.5.2 一笔画游戏的自动求解

图 5-11

一笔画游戏的参考实现步骤如下。

1. 定义二维数组map[5][6]存储地图数据，元素为0表示空，元素为1表示有方格；定义一维数组path[30]记录玩家画过的路径，存储经过的方格。

2. 对于一笔画交互游戏，鼠标交互点击方格box。如果方格box不在path中，且和path中最后一个方格相邻，就把box添加到path中；如果box正好是path中最后一个方格，就把box从path中移除。当path覆盖map中的所有方格时，游戏胜利。

3. 为了自动求解一笔画问题，定义函数FindNext()，如果当前方格可以加入到path中，就递归调用继续尝试下一个方格；如果当前方格邻近的几个方向都测试不通，就进行回溯，从上一个方格处继续遍历下一个候选位置。

读者还可以尝试利用回溯算法自动求解数独游戏。代码实现可参考配套资源中的5-5-3.cpp，扫描右侧二维码观看视频效果"5.5.3 数独游戏的自动求解"。

5.5.3 数独游戏
的自动求解

5.6　小结

本章主要讲解了八皇后游戏的实现，并利用暴力搜索和回溯方法自动求解。

读者也可以通过一笔画游戏和数独游戏的自动求解，进一步体会回溯算法的作用。

第6章　消灭星星

在本章中，我们将实现消灭星星游戏。如图6-1所示，玩家点击一个方块，如果其周围有两个或两个以上颜色相同的方块，即可消除，游戏得分即为消除的方块数。

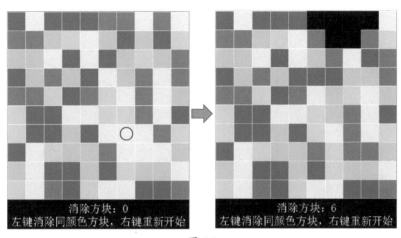

图 6-1

我们首先实现消灭星星游戏基础版，然后利用FloodFill算法获得相同颜色连通的所有方块，最后实现完整的消除游戏。

6.1　消灭星星游戏基础版

6.1.1　基础数据结构和画面显示

假设一共有7种颜色的方块，将所有颜色存储在数组colors[]中。其中colors[0]为黑色，用于显示方块消除后的背景黑色；colors[1]至colors[6]为不同的彩色，表示要消除的方块的颜色。

游戏画面由10行、10列的方块组成，定义二维数组grid[10][10]记录所有小方块的颜色序号，在startup()函数中初始化，在show()函数中进行绘制。完整代码参见6-1-1.cpp，运行效果如图6-2所示。

配套资源验证码 231626

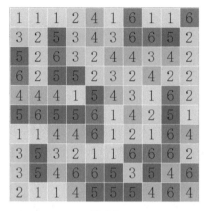

图 6-2

6-1-1.cpp

```
1    #include <graphics.h>
2    #include <conio.h>
3    #include <stdio.h>
4    #include <stdlib.h>
5    #include <time.h>
6
7    // 方块的行、列数
8    # define N 10
9    // 方块颜色的种类数
10   # define COLORNUM 7
11   const int tileSize = 50; //小方块的边长
12   COLORREF  colors[COLORNUM]; // 存储方块中所有颜色的数组
13   int grid[N][N]; // 二维数组，记录游戏画面中所有小方块的颜色编号
14
15   void startup()  //  初始化函数
16   {
17       srand(time(0));  // 初始化随机种子
18       int windowWidth = N * tileSize; // 屏幕宽度
19       int windowHEIGHT = N * tileSize; // 屏幕高度
20       initgraph(windowWidth, windowHEIGHT);   // 新开窗口
21       setbkcolor(WHITE);   // 设置背景颜色
22       cleardevice();   // 以背景颜色清空画面
23       BeginBatchDraw(); // 开始批量绘制
24
25       for (int i = 1; i < COLORNUM; i++) // 初始化所有种类的颜色
26       {
27           float h = i * (360 / COLORNUM); // 这种颜色的色调
28           colors[i] = HSVtoRGB(h, 0.5, 0.9); //对应色调的颜色
29       }
30       colors[0] = BLACK; // 数组中第0个元素为黑色
31
32       for (int i = 0; i < N; i++)
33       {
34           for (int j = 0; j < N; j++)
35           {
```

```
36                    // 二维数组中的元素设为随机整数，随机整数的范围为颜色种类数-1
37                    grid[i][j] = 1 + rand() % (COLORNUM - 1);
38                }
39          }
40
41      setbkmode(TRANSPARENT); // 文字字体透明
42      settextcolor(RGB(50, 50, 50));// 设定文字颜色
43      settextstyle(0.8 * tileSize, 0, _T("宋体")); // 设置文字大小、字体
44  }
45
46  void show()  // 绘制函数
47  {
48      cleardevice(); // 清空画面
49
50      // 绘制所有的小方块
51      for (int i = 0; i < N; i++) // 对行遍历
52      {
53          for (int j = 0; j < N; j++) // 对列遍历
54          {
55              // 二维数组中元素的值表示对应的颜色
56              setfillcolor(colors[grid[i][j]]);
57              setlinecolor(WHITE);
58              // 绘制当前方块矩形
59              fillrectangle(j * tileSize, i * tileSize, (j + 1) *
    tileSize, (i + 1) * tileSize);
60              // 显示二维数组的元素值，也就是对应的颜色编号
61              TCHAR s[20]; // 定义字符串数组
62              swprintf_s(s, _T("%d"), grid[i][j]); // 将数字转换为字符串
63              // 文字显示的矩形区域，在长方形正上方
64              RECT r = { j * tileSize, i * tileSize, (j + 1) * tileSize,
    (i + 1) * tileSize };
65              // 在区域内显示数字文字，水平居中、竖直居中
66              drawtext(s, &r, DT_CENTER | DT_VCENTER | DT_SINGLELINE);
67          }
68      }
69
70      FlushBatchDraw(); // 批量绘制
71  }
72
73  int main() //  主函数
74  {
75      startup();
76      while (1)   // 一直循环
77      {
78          show();  // 进行绘制
79      }
80      return 0;
81  }
```

为了更方便地描述颜色，代码中使用了HSV颜色模型：H是Hue的首字母，表示色调，即可见光谱的单色，取值范围为0～360；S是Saturation的首字母，表示饱和度，取值范围为0～1，等于0时为灰色，等于1时颜色最鲜艳；V是

Value 的首字母，表示明度，取值范围为 0 ~ 1，等于 0 时为黑色，等于 1 时最明亮。

6-1-1.cpp 中第 28 行的 colors[i] = HSVtoRGB(h, 0.5, 0.9) 表示将色调为 h、饱和度为 0.5、明度为 0.9 的颜色，转换成对应的 RGB 格式颜色，存储在 colors[i] 中，从而实现不同方块显示为不同的颜色。

6.1.2 通过鼠标点击消除单个方块

6.1.2　通过鼠标点击消除单个方块

本节实现通过鼠标点击消除单个方块，完整代码参见配套资源中的 6-1-2.cpp，扫描右侧二维码观看视频效果 "6.1.2 通过鼠标点击消除单个方块"。

添加 update() 函数代码，根据鼠标坐标获得点击的方块序号，将该方块颜色序号设为 0，即设为和背景一样的黑色，代码如下。

6-1-2.cpp

```
75    void update()  // 更新
76    {
77        MOUSEMSG m;       // 定义鼠标消息
78        if (MouseHit())   // 如果有鼠标消息
79        {
80            m = GetMouseMsg();  // 获得鼠标消息
81            if (m.uMsg == WM_LBUTTONDOWN) // 如果按下鼠标左键
82            {
83                // 首先获得用户点击的对应棋盘格的行号、列号
84                int iClicked = m.y / tileSize;
85                int jClicked = m.x / tileSize;
86
87                grid[iClicked][jClicked] = 0;  // 将点击中的方块设为黑色
88            }
89        }
90    }
```

6-1-2.cpp 的运行效果如图 6-3 所示。

图 6-3

6.2 基于 FloodFill 算法消除连通的方块

为了消除多个连通的同色方块，可以借助FloodFill算法。FloodFill算法可用于消消乐、泡泡龙、祖玛等很多游戏中的消除操作，也可用于图像填充、抠图等图像处理算法。

FloodFill算法从一个种子点出发，找到所有与之连通且相同颜色的元素，如图6-4所示。完整代码参见配套资源中的6-2.cpp，扫描下方二维码观看视频效果"6.2 基于FloodFill算法消除连通的方块"。

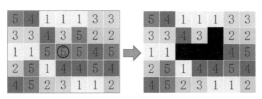

6.2 基于 Flood
Fill 算法消除
连通的方块

图 6-4

假设玩家点击图6-4左边黑色圆圈标记的方块，与该方块连通的同色方块个数大于等于2，将这些连通的同色方块消除，得到图6-4右边的效果。位置(i, j)处的FloodFill算法的伪代码如下。

```
1    floodfill(i, j)
2    {
3        if grid[i][j]和被点击的方块颜色相同
4            同色连通方块个数加1
5        else
6            return
7        // 以下对上、下、左、右四个邻接元素执行FloodFill算法
8        floodfill(i-1, j)
9        floodfill(i+1, j)
10       floodfill(i, j-1)
11       floodfill(i, j+1)
12   }
```

从伪代码的第8 ~ 11行可以看出，FloodFill算法采用了递归的形式；第5 ~ 6行，当grid[i][j]和被点击的方块颜色不同时，结束当前方块的处理，继续处理其他位置的方块，这应用了回溯的思想。在具体实现代码时，需要防止二维数组下标超出范围、避免同一方块被重复处理，代码如下。

6-2.cpp

```
15   // FloodFill搜索算法，向被点击的方块(ic,jc)的上下左右四个方向寻找
16   // clicedValue为当前被点击方块的颜色序号值
17   // searchedGrid[N][N]记录某一方块是否被检索过，0表示未检索，1表示已检索
     且同色，-1表示已检索且异色
18   // matchNum为同色连通方块的个数
```

```
19   void floodfill(int ic, int jc, int clicedValue, int searchedGrid[N][N],
     int* matchNum)
20   {
21       if (grid[ic][jc] == clicedValue) // 与被点击方块颜色相同
22       {
23           searchedGrid[ic][jc] = 1;  // 将当前方块标记为已检索过且同色
24           *matchNum += 1; // 同色连通方块的个数加1
25       }
26       else // 与被点击方块颜色不同
27       {
28           searchedGrid[ic][jc] = -1; // 将当前方块标记为已检索过且异色
29           return; //  不用再找下去了
30       }
31
32       // 如果某一方向的位置没有超出范围，且没有被检索过，就向这个方向递归检索
33       if (ic - 1 >= 0 && searchedGrid[ic - 1][jc] == 0)
34           floodfill(ic - 1, jc, clicedValue, searchedGrid, matchNum); // 上
35
36       if (ic + 1 < N && searchedGrid[ic + 1][jc] == 0)
37           floodfill(ic + 1, jc, clicedValue, searchedGrid, matchNum); // 下
38
39       if (jc - 1 >= 0 && searchedGrid[ic][jc - 1] == 0)
40           floodfill(ic, jc - 1, clicedValue, searchedGrid, matchNum); // 左
41
42       if (jc + 1 < N && searchedGrid[ic][jc + 1] == 0)
43           floodfill(ic, jc + 1, clicedValue, searchedGrid, matchNum); // 右
44   }
```

在update()函数中添加代码，将FloodFill算法找到的多个连通的同色方块设为黑色，代码如下。

6-2.cpp

```
114    // 首先获得用户点击的棋盘格的行号、列号
115    int iClicked = m.y / tileSize;
116    int jClicked = m.x / tileSize;
117    if (grid[iClicked][jClicked] > 0) // 非黑色方块才进一步处理
118    {
119        // 二维数组，用于记录FloodFill算法是否搜索过某一元素
120        // 没有被搜索过，元素为0；被搜索过且颜色一致，元素为1；被搜索过且
       颜色不一致，元素为-1
121        int searchedGrid[N][N] = { 0 };
122        int matchNum = 0; // 找到同色方块的个数
123
124        // 调用FloodFill算法进行查找
125        floodfill(iClicked, jClicked, grid[iClicked][jClicked], searchedGrid,
       &matchNum);
126
127        if (matchNum >= 2) // 如果连通的同颜色方块数目大于等于2，把对应的
       方块变成黑色
```

```
128          {
129              for (int i = 0; i < N; i++) // 对行遍历
130                  for (int j = 0; j < N; j++) // 对列遍历
131                      if (searchedGrid[i][j] == 1)
132                          grid[i][j] = 0;
133          }
134      }
```

6.3 方块位置的更新

6.3.1 方块下落

本节实现当方块被消除时，其上面的彩色方块自动下落，完整代码参见配套资源中的6-3-1.cpp，扫描右侧二维码观看视频效果"6.3.1 方块下落"。

6.3.1 方块下落

添加dropBlocks()函数，代码如下。

6-3-1.cpp

```
46   // 方块下落，填满为0的黑色方块
47   void dropBlocks()
48   {
49       // 让黑色方块上面的方块下落
50       for (int j = 0; j < N; j++) // 对列遍历
51       {
52           int tempColumm[N] = { 0 }; // 新建一个临时列变量，存储去除0之后
     的元素
53           int tcID = N - 1; // 用于复制的tempColumm元素序号
54
55           for (int i = N - 1; i >= 0; i--) // 对行遍历
56           {
57               tempColumm[tcID] = grid[i][j]; // 先把这一数据赋给临时数组
58               // 如果当前元素为0，tcID不处理，下次循环会覆盖掉0值元素
59               // 如果当前元素不为0，则减少tcID，上一句复制的元素有效保留
     到了临时数组中
60               if (grid[i][j] != 0)
61                   tcID--;
62           }
63
64           for (int i = 0; i < N; i++) // 把临时数组的值赋回给二维数组的这一列
65               grid[i][j] = tempColumm[i];
66       }
67   }
```

在update()函数中调用dropBlocks()函数，代码如下。

6-3-1.cpp

```
157      dropBlocks(); // 方块下落，填满为0的黑色方块
```

6-3-1.cpp 的运行效果如图 6-5 所示。

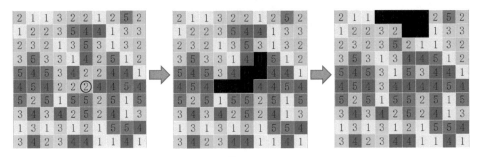

图 6-5

6.3.2　方块左移

本节实现某一列方块全被消除时，其右边的方块依次向左移动，完整代码参见配套资源中的 6-3-2.cpp，扫描下方二维码观看视频效果"6.3.2 方块左移"。

添加 moveBlocksLeft() 函数，代码如下。

6-3-2.cpp

```
69    // 某一列方块全消除了，则右边的方块依次向左移动
70    void moveBlocksLeft()
71    {
72        // 如果有一列空了，右边的列向左移动
73        for (int j = N - 1; j > 0; j--) // 对列遍历，从右向左遍历
74        {
75            int isColumEmpty = 1; // 这一列是否都是空白黑块，1表示是，0表示否
76            for (int i = 0; i < N; i++) // 对行遍历
77            {
78                if (grid[i][j] != 0)
79                {
80                    isColumEmpty = 0;
81                    break; // 这一列有一个不是黑块，就跳出循环
82                }
83            }
84
85            // 如果这一列都是黑色方块，从这一列开始向右，每一列移动到左边一列
86            if (isColumEmpty)
87            {
88                for (int m = j; m < N - 1; m++)
89                    for (int n = 0; n < N; n++)
90                        grid[n][m] = grid[n][m + 1];
91
92                // 最右边一列设为空
93                for (int n = 0; n < N; n++)
94                    grid[n][N - 1] = 0;
```

```
95              }
96          }
97      }
```

在update()函数中调用moveBlocksLeft()函数，代码如下。

6-3-2.cpp

```
189         moveBlocksLeft(); // 某一列全为黑色方块，右边方块依次向左移动
```

6-3-2.cpp的运行效果如图6-6所示。

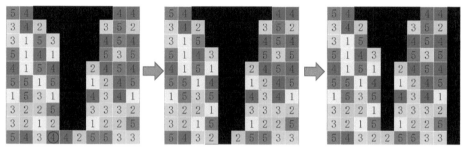

图 6-6

6.4 游戏完善

6.4 游戏完善

本节进一步完善消灭星星游戏，完整代码参见配套资源中的6-4.cpp，扫描右侧二维码观看视频效果"6.4 游戏完善"。

在show()函数中，不需要显示用于调试的颜色序号数字，只需显示不同颜色的方块，添加得分统计、输出提示信息，代码如下。

6-4.cpp

```
151     // 显示得分信息
152     TCHAR s[20]; // 定义字符串数组
153     swprintf_s(s, _T("消除方块：%d"), score); // 将数字转换为字符串
154     // 文字显示的矩形区域，在长方形正上方
155     RECT r1 = { 0,N * tileSize,N * tileSize,(N + 1) * tileSize };
156     // 在区域内显示数字文字，水平居中、竖直居中
157     drawtext(s, &r1, DT_CENTER | DT_VCENTER | DT_SINGLELINE);
158     RECT r2 = { 0,(N + 0.8) * tileSize,N * tileSize,(N + 1.6) * tileSize };
159     drawtext(_T("左键消除同颜色方块，右键重新开始"), &r2, DT_CENTER |
        DT_VCENTER | DT_SINGLELINE);
```

在update()函数中添加代码，实现点击鼠标右键重新开始的功能，代码如下。

6-4.cpp

| 197 | else if (m.uMsg == WM_RBUTTONDOWN) // 如果点击鼠标右键 |
| 198 | startup(); // 重新再来一局 |

6-4.cpp的运行效果如图6-7所示。

图 6-7

6.5　拓展练习：扫雷游戏

读者可以尝试实现经典的扫雷游戏，扫描下方二维码观看视频效果"6.5 扫雷游戏"。如图6-8所示，数字表示周围方格内有几颗雷，玩家点击鼠标左键清除没有雷的方格，点击鼠标右键标记有雷的方格。如果玩家清除完所有不是雷的方格，游戏胜利，如图6-9所示；如果不小心挖到雷，游戏失败，如图6-10所示。

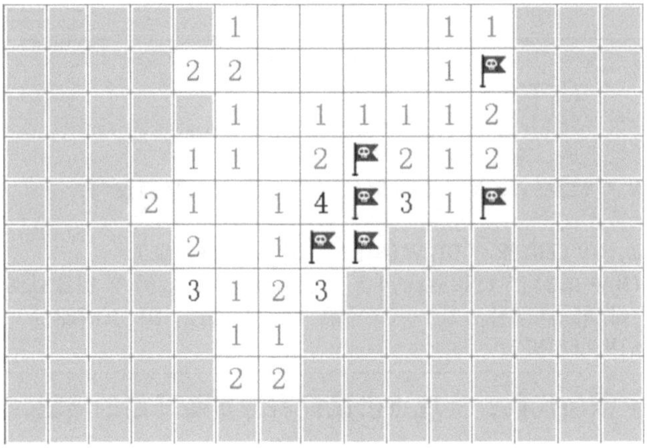

6.5 扫雷游戏

图 6-8

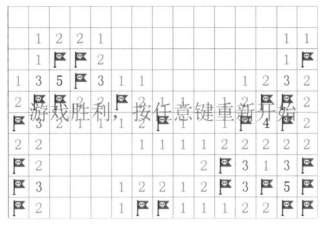

图 6-9

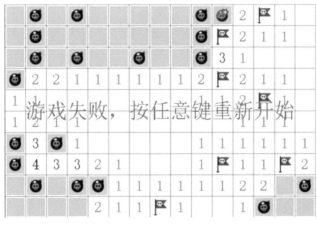

图 6-10

扫雷游戏的参考实现步骤如下。

1. 生成随机地图并计算每个方格周围的地雷数目：定义二维数组mines记录某一位置是否有雷，并随机初始化；定义二维数组mineNeighbourCounts，根据mines生成每个方格周围的地雷数目。代码实现可参考6-5-1.cpp。

2. 枚举类型和画面显示：定义枚举类型描述一个方格可能的5种状态（Hide、Revealed、Labeled、RedBoom、BlackBoom），定义二维数组存储游戏中每一个方格的状态，在startup()函数中初始化，在show()函数中进行绘制。代码实现可参考6-5-2.cpp。

3. 实现鼠标点击操作：添加update()函数代码，玩家鼠标右键点击一个方格，标记其是雷；鼠标左键点击一个方格，如果是雷，雷爆炸，游戏失败，如果不是雷，在方格内显示出其周围的地雷数目。代码实现可参考6-5-3.cpp。

4. 利用 FloodFill 算法自动清除多个方格：为了增加游戏的可玩性，当玩家正确清除一颗雷时，找到与其连通且不是雷、其周围也没有雷的方格，将这些方格全部清除。代码实现可参考 6-5-4.cpp。

6.6　小结

本章主要讲解了消灭星星游戏的实现，以及利用 FloodFill 算法实现自动消除连通的相同元素。

除了拓展练习中的扫雷游戏，读者也可以尝试实现泡泡龙、宝石迷阵等消除类游戏，体会 FloodFill 算法的作用。

第7章 贪吃蛇

在本章中，我们将实现贪吃蛇游戏。如图7-1所示，玩家通过鼠标控制蛇的移动方向，吃的彩色食物越多、蛇身越长。

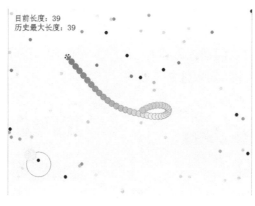

图 7-1

我们首先学习常见的数据结构，然后学习标准模板库（Standard Template Library，STL），最后利用STL的vector（向量）数据结构，实现完整的贪吃蛇游戏。

7.1 常见数据结构

高效的算法离不开各种数据结构。本节将介绍数组、链表、队列、栈、图、树这6种常见的数据结构，为贪吃蛇和后续章节案例的开发做好准备。

7.1.1 数组

定义数组int a[5] = {1,3,5,7,9}后，5个元素连续存放在内存中，利用a[i]的形式可以直接访问数组的元素，如图7-2所示。

图 7-2

如果要在数组中删除元素 a[1]（如图 7-3 所示），为了保证数组元素的连续性，之后的所有元素需要依次向前移动（如图 7-4 所示）。

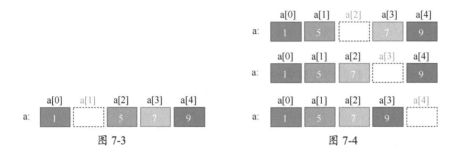

图 7-3　　　　　　　　　　　　　　图 7-4

如果要在 5 和 7 之间插入元素 6（如图 7-5 所示），要先将 9 和 7 向后移动（如图 7-6 所示），再将 6 插入进去（如图 7-7 所示）。

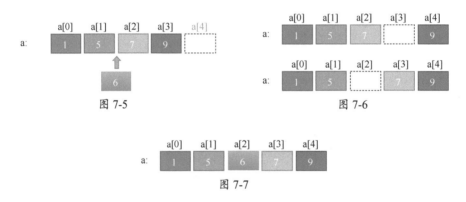

图 7-5　　　　　　　　　　　　　　图 7-6

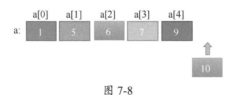

图 7-7

如果想继续在数组末尾添加元素 10（如图 7-8 所示），由于数组定义时决定了 a 中只能有 5 个元素，所以无法在数组末尾添加元素 10。

图 7-8

7.1.2　链表

贪吃蛇游戏需要频繁改变蛇身的长度，用数组会比较麻烦，利用链表可以较好地解决这一问题。

组成链表的节点由数据和指向节点的指针两部分组成，如图 7-9 所示。

前面一个节点的指针指向后面一个节点，多个节点依次相连，即可组成链表，如图7-10所示。

图 7-9　　　　　　　　　　　　　　　图 7-10

由链表的实现原理可知，节点在内存中不需要连续存储。如果要在数据1节点和数据3节点之间插入数据2，首先创建存储数据2的节点（如图7-11所示），然后将数据2节点的指针指向数据3、将数据1节点的指针指向数据2，这样节点2就添加到链表中了（如图7-12所示）。

图 7-11　　　　　　　　　　　　　　图 7-12

如果想要在链表中删除数据3的节点，首先将数据2节点的指针指向数据5（如图7-13所示），然后直接删除数据3节点的内存空间，节点3就从链表中删除了（如图7-14所示）。

图 7-13　　　　　　　　　　　　　　图 7-14

在链表末尾增加数据也非常方便，比如要增加数据6，首先为其创建节点（如图7-15所示），然后将数据5节点的指针指向数据6（如图7-16所示）。

图 7-15　　　　　　　　　　　　　　图 7-16

和数组相比，在链表中删除和插入元素时不需要大量移动节点。然而，链表无法像数组一样通过索引直接读取元素，比如要访问链表中的最后一个节点，只能从链表头开始，依次通过指针访问后续的节点。

7.1.3　队列

当你在超市排成一队去结账时，是不是只能从一边进、另一边出？这种形式的数据结构称为"队列"，如图7-17所示。

如果要为队列添加数据7（如图7-18所示），只能添加到队列末尾，也称为"入队"（如图7-19所示）。

从队列中删除元素，只能删除最早入队的数据1，也叫作"出队"，如图7-20所示。

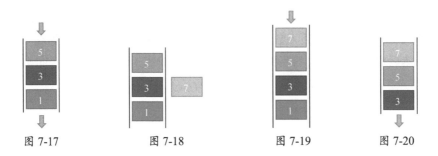

图 7-17　　　　　　　图 7-18　　　　　　　图 7-19　　　　　　　图 7-20

队列是一种先进先出（First In First Out，FIFO）的数据结构，第8章讲解的广度优先搜索算法会使用到队列。

7.1.4　栈

回顾第4章的汉诺塔游戏，如图7-21所示，每次只能拿走柱子最上面的盘子，也只能把新盘子放到柱子的最上端。这种形式的数据结构称为"栈"。

假设栈中已有3个数据（如图7-22所示），要从栈中取出一个数据，只能取走最上面的3，也称为"出栈"（如图7-23所示）；再从栈中取出一个数据，只能取走最上面的5（如图7-24所示）；如果要为栈添加数据1，会放到栈的最上面（如图7-25所示），称为"入栈"。

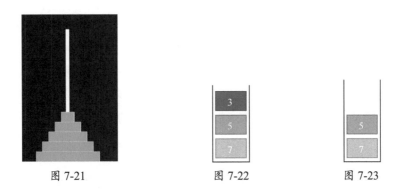

图 7-21　　　　　　　图 7-22　　　　　　　图 7-23

图 7-24

图 7-25

栈是一种先进后出（First In Last Out，FILO）的数据结构。函数的递归调用就是依赖系统内部的栈来实现的，第8章讲解的深度优先搜索算法会使用到栈。

7.1.5 图

图结构由节点和边组成，连接节点的边表示节点间的关系。比如用节点表示人物，用边表示人物间的好友关系，从而表示相应的社交网络，如图7-26所示。

图 7-26

还可以用节点表示位置，用边表示位置间是否存在可以走通的路径，这样第5章一笔画游戏的地图就可以抽象为图结构，如图7-27所示。

以上两个例子中的图也称为无权图。如果图中的边不仅可以表示节点的连接状态，还有对应的权值（数值），则称为有权图。比如在图7-28中，节点表示不同地点，边上的数值表示不同节点间通路的距离。

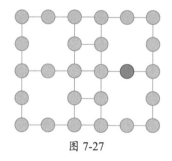

图 7-27

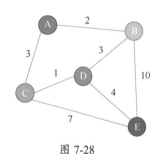

图 7-28

图是一种很常见的数据结构，后续章节中的走迷宫、连连看、吃豆人等游戏均会使用图这种形式的数据结构。

7.1.6 树

没有回路的连通图就是树，树常用来表示各种层次结构，如图7-29所示。其中A是树最上面的节点，也称为根节点。在相连的两个节点中，上面

的节点称为父节点，下面的节点称为子节点。比如，A
是B的父节点、B是A的子节点，D是G的父节点，H是
F的子节点。

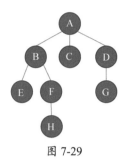

如果一个节点没有子节点，就称为叶子节点，比如
图 7-29中的E、H、C、G都是叶子节点。

树从根节点开始往下数，叶子节点所在的最大层数
称为树的深度。

图 7-29

节点拥有子节点的个数，叫作节点的度。比如，A有B、C、D三个子节点，
因此A的度为3；B有E、F两个子节点，因此B的度为2；D有G一个子节点，
因此G的度为1。

在一棵树中，节点的度的最大值称为树的度。图 7-29所示的树中，节点
的度最大为3，因此树的度为3。

树可以应用于查找、排序、搜索等众多算法，也是一种应用广泛的数据
结构。

7.2　标准模板库

除了自己编写代码实现各种数据结构，还可以使用标准模板库（Standard
Template Library, STL）。STL提供了 vector（向量）、queue（队列）、stack（栈）、
string（字符串）、map（关联容器）等常用的数据结构和基础算法供开发者直
接使用。

7.2.1　vector

输入并运行 7-2-1-1.cpp。

7-2-1-1.cpp

```
1    #include <stdio.h>
2    #include <conio.h>
3    #include <vector>
4    using namespace std;
5
6    int main()
7    {
8        vector<int> v;  // 定义vector
9        int i;
10
11       // 数据初始化
12       for (i = 0; i < 5; i++)
```

```
13              v.push_back(i + 1);
14
15          // 输出vector
16          for (i = 0; i < v.size(); i++)
17              printf("%d ", v[i]);
18          printf("\n");
19
20          _getch();
21          return 0;
22      }
```

7-2-1-1.cpp的输出结果如图7-30所示。

```
1 2 3 4 5
```
图 7-30

在7-2-1-1.cpp中，第3行的#include <vector>表示包含vector结构的头文件，从而可以使用vector的功能。

第4行的using namespace std表示使用std命名空间，引入命名空间主要是为了解决可能出现的重名问题。

第8行的vector<int> v定义了一个整型向量v。< >内可以是任何基本类型，比如int、float、char，也可以是用户自定义的结构体、类，甚至是另一个vector。

第13行的v.push_back(i+1)将括号内的数据插入向量v的末尾，for循环结束后v中就有了5个元素。

同一般数组一样，vector也可以通过[]进行数组元素的访问，第17行的printf("%d ",v[i])输出v中第i个元素的值。第16行的v.size()返回v中元素的个数，for循环即可输出v中的所有元素值。

利用以下代码，可以删除向量v中的第2个元素。

```
v.erase(v.begin() + 2);
```

其中v.begin()指向v中的首个元素，也就是v中的第0个元素，v.begin()+2即指向v中的第2个元素。v.erase()可以删除对应位置上的元素。

运行上方代码后向量v的输出结果变为图7-31。

```
1 2 4 5
```
图 7-31

v.end()指向v的末尾（最后一个元素的下一个存储空间的地址），以下代码可以删除 v 的最后一个元素。

```
v.erase(v.end() - 1);
```

运行上方代码后向量 v 的输出结果变为图 7-32。

```
1 2 4
```
图 7-32

vector 插入元素也非常方便，以下代码在 v 的起始处插入数值为 3 的元素。

```
v.insert(v.begin(), 3);
```

运行上方代码后向量 v 的输出结果变为图 7-33。

```
3 1 2 4
```
图 7-33

另外我们还可以包含算法头文件，然后直接调用 sort() 函数对 v 进行排序。

```
#include <algorithm>
sort(v.begin(), v.end());
```

运行上方代码后向量 v 的输出结果变为图 7-34。

```
1 2 3 4
```
图 7-34

当向量使用结束后，我们可以利用 clear() 函数清空其内存空间。

```
v.clear();
printf("%d", v.size());
```

运行上方代码之后 v.size() 的输出结果变为图 7-35。

```
0
```
图 7-35

完整代码如 7-2-1-2.cpp 所示，读者也可以在今后的应用中逐步学习 vector 的更多用法。

7-2-1-2.cpp

```
1    #include <stdio.h>
2    #include <conio.h>
3    #include <vector>
4    #include <algorithm>
5    using namespace std;
```

```
6
7     // 输出vector
8     void printVector(vector<int> vec)
9     {
10        int i;
11        for (i = 0; i < vec.size(); i++)
12            printf("%d ", vec[i]);
13        printf("\n");
14    }
15
16    int main()
17    {
18        vector<int> v;   // 定义vector
19        int i;
20
21        // 数据初始化
22        for (i = 0; i < 5; i++)
23            v.push_back(i + 1);
24        printVector(v);
25
26        // 删除数据
27        v.erase(v.begin() + 2);
28        printVector(v);
29
30        // 删除数据
31        v.erase(v.end() - 1);
32        printVector(v);
33
34        // 插入数据
35        v.insert(v.begin(), 3);
36        printVector(v);
37
38        // 升序排序
39        sort(v.begin(), v.end());
40        printVector(v);
41
42        // 清空vector
43        v.clear();
44        printf("%d", v.size());
45
46        _getch();
47        return 0;
48    }
```

7.2.2 queue

#include <queue> 表示包含queue结构的头文件，以下为STL中queue的常见功能：

- queue<int> q 表示定义一个整型队列 q；
- q.push(5) 表示将数据 5 加到队列 q 的末尾；
- q.pop() 表示删除队列 q 中队首的元素；
- q.front() 表示返回队列 q 中队首的元素；
- q.size() 表示获取队列 q 中元素的个数；
- q.empty() 表示若队列 q 为空则返回 True，否则返回 False。

输入并运行 7-2-2.cpp。

7-2-2.cpp

```
1   #include <graphics.h>
2   #include <conio.h>
3   #include <queue> // 队列
4   using namespace std;
5
6   // 输出queue信息
7   void printQueue(queue<int> q)
8   {
9       if (q.empty()) // 如果队列为空
10      {
11          printf("队列为空\n");
12          return; // 返回
13      }
14      printf("队列元素个数: %d, ", q.size());
15      printf("队首元素: %d\n", q.front());
16  }
17
18  int main()
19  {
20      queue<int> q; // 定义队列
21      q.push(5); // 将数据加到队尾
22      q.push(7); // 将数据加到队尾
23      printQueue(q); // 此时队列元素为5、7
24      q.pop(); // 删除队首元素
25      printQueue(q); // 此时队列元素为7
26      q.pop(); // 删除队首元素
27      printQueue(q); // 此时队列为空
28      _getch();
29      return 0;
30  }
```

7-2-2.cpp 的输出结果如图 7-36 所示。

队列元素个数: 2，队首元素: 5
队列元素个数: 1，队首元素: 7
队列为空

图 7-36

7.2.3　stack

#include <stack>表示包含stack结构的头文件，以下为STL中stack的常见功能：

- stack <int> s表示定义一个整型栈s；
- s.push(5)表示将数据5入栈，加到栈s的最上面；
- s.pop()表示删除栈s最上面的元素；
- s.top()表示返回栈s最上面的元素；
- s.size()表示获取栈s中元素的个数；
- s.empty()表示若栈s为空则返回True，否则返回False。

输入并运行7-2-3.cpp。

7-2-3.cpp

```
1   #include <graphics.h>
2   #include <conio.h>
3   #include <stack> // 栈
4   using namespace std;
5
6   // 输出stack信息
7   void printStack(stack<int> s)
8   {
9       if (s.empty()) // 如果栈为空
10      {
11          printf("栈为空\n");
12          return; // 返回
13      }
14      printf("栈中元素个数：%d，", s.size());
15      printf("栈最上面元素：%d\n", s.top());
16  }
17
18  int main()
19  {
20      stack<int> s; // 定义栈
21      s.push(5); // 将数据入栈
22      s.push(7); // 将数据入栈
23      printStack(s); // 此时栈中元素为5、7
24      s.pop(); // 将最上面一个元素出栈
25      printStack(s); // 此时栈中元素为5
26      s.pop(); // 将最上面一个元素出栈
27      printStack(s); // 此时栈为空
28      _getch();
29      return 0;
30  }
```

7-2-3.cpp的输出结果如图7-37所示。

图 7-37

7.2.4 string

STL 中的 string 可以更方便地进行字符串的处理，在第 11 章中，我们将利用 string 记录游戏的操作符。输入并运行 7-2-4.cpp。

7-2-4.cpp

```
1   #include <graphics.h>
2   #include <conio.h>
3   #include <string> // 字符串
4   using namespace std;
5
6   int main()
7   {
8       string str = "Nums: "; // 字符串初始化
9       str = str + "1"; // 字符串拼接
10      for (int i = 3; i < 10; i++)
11      {
12          // 整数转换为字符串、字符串拼接
13          str = str + "," + to_string(i);
14      }
15      printf("%s\n", str.c_str()); // 字符串整体输出
16
17      // 遍历字符串中的所有元素，依次输出
18      for (int k = 0; k < str.size(); k++)
19          printf("%c", str[k]);
20
21      _getch();
22      return 0;
23  }
```

7-2-4.cpp 的输出如图 7-38 所示。

图 7-38

7.2.5 map

map 是 STL 中的关联容器，可以建立"键"和"值"的映射关系，在第 11 章中，我们将利用 map 记录节点是否处理过。输入并运行 7-2-5.cpp。

7-2-5.cpp

```
1   #include <graphics.h>
2   #include <conio.h>
3   #include <map> // 关联容器
4   #include <string> // 字符串
5   using namespace std;
6
7   int main()
8   {
9       map <string, int>population;
10      population["广东"] = 126012510;
11      population["山东"] = 101527453;
12      population["江苏"] = 84748016;
13      printf("%d", population["山东"]);
14      _getch();
15      return 0;
16  }
```

7-2-5.cpp 的输出结果如图 7-39 所示。

7-2-5.cpp 中第 3 行的 #include <map> 表示包含 map 结构的头文件，第 9 行的 map <string, int>population 定义关

图 7-39

联容器 population，其中"键"为字符串，对应的"值"为整数。

第 10 行的 population["广东"] = 126012510 直接在 population 中增加一对键值对："广东"-126012510。第 13 行的 population["山东"] 可以直接将"键"作为索引访问对应的值。

map 是基于红黑树实现的，对 map 进行查找、增加元素等操作的时间复杂度较为稳定，为 $O(\log n)$。STL 还提供一种无序映射 unordered_map（使用方式和 map 类似），它是基于哈希表实现的，对 unordered_map 进行查找、增加元素等操作的平均时间复杂度为 $O(1)$，极端情况下为 $O(n)$。

7.3 实现贪吃蛇游戏

贪吃蛇吃到彩色小球（食物）后蛇身增长，吃到黑色小球（障碍物）后蛇身减半。利用数组实现比较麻烦，本节我们利用 STL 的 vector 来快速实现。

7.3.1 数据结构和画面显示

贪吃蛇的身体用不同颜色的小球表示，小球半径为常量，代码如下。

7-3-1.cpp

```
6   # define RADIUS 10 // 蛇的半径
```

首先定义描述一节蛇身的结构体，代码如下。

7-3-1.cpp

```
10    struct Point
11    {
12        float x, y; // 这一节蛇身的圆心坐标
13        COLORREF color; // 这一节蛇身对应的颜色
14    };
```

利用 vector 定义长度可变的蛇身，代码如下。

7-3-1.cpp

```
16    vector <Point> snake;
```

在 startup() 中利用 push_back() 初始化有 5 节蛇身的蛇，并在 show() 函数中绘制。完整代码参见 7-3-1.cpp，运行效果如图 7-40 所示。

图 7-40

7-3-1.cpp

```
1     #include <graphics.h>
2     #include <vector> // 向量
3     using namespace std;
4     #define  WIDTH 800 // 窗口宽度
5     #define  HEIGHT 600 // 窗口高度
6     # define RADIUS 10 // 蛇的半径
7     float angle = 0; // 蛇头运动角度，向右
8
9     // 二维点结构体，可用于描述贪吃蛇的一节蛇身，也可以描述食物、障碍物的坐标
10    struct Point
11    {
12        float x, y; // 这一节蛇身的圆心坐标
13        COLORREF color; // 这一节蛇身对应的颜色
14    };
15
16    vector <Point> snake; // 用vector定义贪吃蛇
17
```

```
18    void startup()  // 初始化函数
19    {
20        initgraph(WIDTH, HEIGHT); // 新开一个画面
21        setbkcolor(RGB(230, 235, 235)); // 设置背景颜色
22        cleardevice(); // 清空画面
23
24        // 初始化有5节蛇身的蛇
25        for (int i = 0; i < 5; i++)
26        {
27            Point sec; // 当前节蛇身
28            float h = i * 3; // 这种颜色的色调
29            sec.color = HSVtoRGB(h, 0.5, 0.9); //这节蛇身的颜色
30            snake.push_back(sec); // 添加到向量中
31        }
32        //  定义蛇头的位置
33        snake[0].x = WIDTH / 2;
34        snake[0].y = HEIGHT / 2;
35        //  自动计算出后面所有蛇身的位置坐标
36        for (int i = 1; i < snake.size(); i++)
37        {
38            // 第i节蛇身的位置坐标
39            snake[i].x = snake[i - 1].x - 2 * RADIUS * cos(angle);
40            snake[i].y = snake[i - 1].y + 2 * RADIUS * sin(angle);
41        }
42
43        BeginBatchDraw(); // 开始批量绘制
44    }
45
46    void show()  // 绘制函数
47    {
48        cleardevice(); // 清空画面
49
50        // 画出蛇
51        setlinecolor(HSVtoRGB(0, 0.5, 0.9)); // 设置线条颜色
52        for (int i = 0; i < snake.size(); i++)
53        {
54            setfillcolor(snake[i].color); // 设置填充颜色
55            fillcircle(snake[i].x, snake[i].y, RADIUS);
56        }
57
58        FlushBatchDraw(); // 批量绘制
59    }
60
61    int main() // 主函数
62    {
63        startup();  // 初始化
64        while (1)  // 循环
65        {
66            show(); // 显示
67        }
68        return 0;
69    }
```

7.3.2　蛇的自动移动

本节实现蛇的自动移动，完整代码参见配套资源中的
7-3-2.cpp，扫描右侧二维码观看视频效果"7.3.2 蛇的自动
移动"。

7.3.2 蛇的自动
移动

定义变量，描述蛇的移动速度、方向等参数，代码如下。

7-3-2.cpp

```
8    float velocityScale = 0.1; // 蛇头移动速度的绝对值
9    // 根据移动速度、蛇半径，控制移动时的相应比例
10   float ration = velocityScale / (2 * RADIUS);
11   float angle = 0; // 蛇头运动角度，向右
```

添加update()函数，让蛇头按angle方向移动，后面每一节蛇身依次跟着
前一节蛇身运动，代码如下。

7-3-2.cpp

```
65   void update() // 更新函数
66   {
67       // 蛇头根据速度方向运动
68       snake[0].x += velocityScale * cos(angle);
69       snake[0].y += -velocityScale * sin(angle);
70
71       // 每一节蛇身，逐渐跟着前一节蛇身运动
72       for (int i = 1; i < snake.size(); i++)
73       {
74           snake[i].x = (1 - ration) * snake[i].x + ration * snake[i - 1].x;
75           snake[i].y = (1 - ration) * snake[i].y + ration * snake[i - 1].y;
76       }
77   }
```

7.3.3　通过鼠标控制蛇的移动方向

本节实现通过鼠标控制蛇的移动方向，如图7-41所示，完整代码参见配
套资源中的7-3-3.cpp，扫描下方二维码观看视频效果"7.3.3 通过鼠标控制蛇
的移动方向"。

7.3.3 通过鼠标
控制蛇的移动
方向

图 7-41

为了更好地通过鼠标控制蛇的移动方向，首先定义结构体，描述图7-41左边所示的控制圆圈，代码如下。

7-3-3.cpp

```
19    struct controlCircle // 处理鼠标控制蛇头运动方向的区域
20    {
21        int x, y; // 控制圆心坐标
22        int Radius; // 控制大圆的半径
23        float angle; // 鼠标控制蛇头的运动方向角度，0到2Pi
24        int ballX, ballY; // 指示小球的圆心坐标
25        int ballRadius; // 指示小球的半径
26    };
29    controlCircle cCircle; // 鼠标控制方向的区域
```

在show()函数中添加代码，绘制控制圆圈，并在其圆周上显示一个实心小圆圈，用于指示当前鼠标的控制方向，代码如下。

7-3-3.cpp

```
80        // 绘制鼠标控制方向区域，大的空心圆圈
81        setlinecolor(RGB(100, 100, 100)); // 设置线条颜色
82        circle(cCircle.x, cCircle.y, cCircle.Radius);
83        // 绘制控制圆圈上面的一个指示方向的实心圆圈
84        setlinecolor(RGB(200, 230, 200)); // 设置线条颜色
85        setfillcolor(RGB(200, 230, 200)); // 设置填充颜色
86        fillcircle(cCircle.ballX, cCircle.ballY, cCircle.ballRadius);
```

在update()函数中添加代码，当鼠标移动时，计算鼠标位置到控制圆圈圆心的向量，从而控制贪吃蛇蛇头的移动方向，代码如下。

7-3-3.cpp

```
93        MOUSEMSG m;    // 定义鼠标消息
94        if (MouseHit())   // 如果有鼠标消息
95        {
96            m = GetMouseMsg(); // 获得鼠标消息
97            if (m.uMsg == WM_MOUSEMOVE) // 如果鼠标移动
98            {
99                // 求出鼠标到控制圆圈中心的有向距离
100               float xs = m.x - cCircle.x;
101               float ys = m.y - cCircle.y;
102               // 利用反正切函数，得到蛇头运动的新方向
103               cCircle.angle = atan2(-ys, xs);
104               // 设定控制圆圈上指示方向的实心小圆圈的位置
105               cCircle.ballX = cCircle.x + cCircle.Radius * cos(cCircle.angle);
106               cCircle.ballY = cCircle.y - cCircle.Radius * sin(cCircle.angle);
107            }
```

```
108        }
109
110        // 蛇头根据速度方向运动
111        snake[0].x += velocityScale * cos(cCircle.angle);
112        snake[0].y += -velocityScale * sin(cCircle.angle);
```

7.3.4　添加食物和障碍物

本节为蛇添加食物和障碍物，完整代码参见配套资源中的7-3-4.cpp，运行效果如图7-42所示。

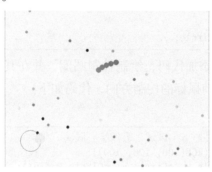

图 7-42

由于游戏中的食物、障碍物会逐渐变多，因此也用vector实现，分别用彩色圆圈、黑色圆圈表示，代码如下。

7-3-4.cpp

```
32    vector <Point> food;   // 食物为彩色圆圈
33    vector <Point> block;  // 障碍物为黑色圆圈
```

定义函数，生成一个随机位置的点，用于生成随机位置的食物或障碍物，代码如下。

7-3-4.cpp

```
35    // 在屏幕范围内，生成一个位置随机的点
36    Point generateRandPoint()
37    {
38        Point p;
39        p.x = rand() % WIDTH;
40        p.y = rand() % HEIGHT;
41        return p;
42    }
```

在startup()函数中利用push_back()添加元素，增加食物和障碍物，代码如下。

7-3-4.cpp

```
79        // 初始化30个食物
```

```
80        for (int i = 0; i < 30; i++)
81            food.push_back(generateRandPoint());
82
83        // 初始化5个障碍物
84        for (int i = 0; i < 5; i++)
85            block.push_back(generateRandPoint());
```

在show()函数中进行绘制，代码如下。

7-3-4.cpp

```
94        // 绘制食物，彩色实心小圆
95        for (int i = 0; i < food.size(); i++)
96        {
97            setlinecolor(HSVtoRGB(i * 2, 0.6, 1)); // 设置线条颜色
98            setfillcolor(HSVtoRGB(i * 2, 0.6, 1)); // 设置填充颜色
99            fillcircle(food[i].x, food[i].y, RADIUS / 2);
100       }
101
102       // 绘制障碍物，黑色实心小圆
103       for (int i = 0; i < block.size(); i++)
104       {
105           setlinecolor(RGB(230, 235, 235)); // 设置线条颜色
106           setfillcolor(RGB(50, 50, 50)); // 设置填充颜色
107           fillcircle(block[i].x, block[i].y, 2 * RADIUS / 3);
108       }
```

在update()函数中设定随着食物、障碍物数目以及蛇身长度的增加，蛇的移动速度也逐渐变快，逐渐增加游戏的难度，代码如下。

7-3-4.cpp

```
159       // 蛇头移动速度的绝对值，随着蛇的长度、食物障碍物数目的增加而增加
160       velocityScale = 0.05 + 0.01*snake.size() + 0.001*(food.size() + block.size());
161       // 根据移动速度、蛇的半径，控制移动时的相应比例
162       ration = velocityScale / (2 * RADIUS);
```

7.3.5 蛇吃食物后的处理

本节实现蛇吃到食物或障碍物后的操作，完整代码参见配套资源中的7-3-5.cpp，扫描右侧二维码观看视频效果"7.3.5 蛇吃食物后的处理"。

7.3.5 蛇吃食物
后的处理

定义函数isHeadTouchCircle()，用于判断蛇头是否碰到食物或障碍物，代码如下。

7-3-5.cpp

```
45        // 利用圆心坐标和半径判断蛇头是否碰到圆圈
```

```
46    bool isHeadTouchCircle(float x, float y, float r)
47    {
48        float xs = snake[0].x - x;
49        float ys = snake[0].y - y;
50        float rs = RADIUS + r;
51        if (xs * xs + ys * ys < rs * rs)
52            return true;
53        else
54            return false;
55    }
```

　　利用STL vector的push_back()、erase()函数，可以很方便地更改snake的长度。在update()函数中添加代码，如果蛇头碰到彩色小球表示的食物，蛇身长度加1，代码如下。

7-3-5.cpp

```
183    // 如果蛇头碰到食物，长度+1，食物障碍物更新
184    for (int i = 0; i < food.size(); i++) // 对所有食物遍历
185    {
186        if (isHeadTouchCircle(food[i].x, food[i].y, RADIUS / 2))
187        {
188            Point newSec; // 新的一节蛇身
189            float h = snake.size() * 3; // 这种颜色的色调
190            newSec.color = HSVtoRGB(h, 0.5, 0.9); //这节的颜色
191            snake.push_back(newSec); // 添加到向量中
192            // 新一节蛇身位置起始于上一节蛇身的末尾
193            snake[snake.size() - 1].x = snake[snake.size() - 2].x;
194            snake[snake.size() - 1].y = snake[snake.size() - 2].y;
```

　　如果蛇头碰到黑色小球表示的障碍物，蛇的长度减半，代码如下。

7-3-5.cpp

```
216    // 如果蛇头碰到障碍物，蛇的长度减半，障碍物位置更新
217    for (int i = 0; i < block.size(); i++)
218    {
219        if (isHeadTouchCircle(block[i].x, block[i].y, 2 * RADIUS / 3))
220        {
221            // 删除蛇长度一半的蛇身元素
222            int delNum = snake.size() / 2;
223            if (delNum > 1)
224                snake.erase(snake.end() - delNum, snake.end());
```

　　在show()函数中添加代码，输出蛇的当前长度、历史最大长度，代码如下。

7-3-5.cpp

```
141    // 显示得分信息
142    settextstyle(25, 0, _T("宋体")); // 设置文字大小、字体
143    settextcolor(BLUE); // 设定文字颜色
```

```
144    TCHAR s[20]; // 定义字符串数组
145    swprintf_s(s, _T("目前长度：%d"), snake.size()); // 转换为字符串
146    outtextxy(20, 20, s);
147    swprintf_s(s, _T("历史最大长度：%d"), bestScore); // 转换为字符串
148    outtextxy(20, 50, s);
```

7-3-5.cpp 的运行效果如图 7-43 所示。

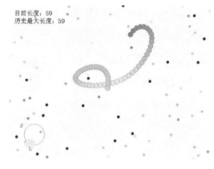

图 7-43

7.3.6　为蛇添加眼睛

本节为蛇添加眼睛，完整代码参见配套资源中的 7-3-6. cpp，扫描右侧二维码观看视频效果 "7.3.6 为蛇添加眼睛"。

7.3.6 为蛇添加眼睛

在 show() 函数中添加代码，在贪吃蛇的蛇头上画上眼睛，用一对白色圆圈表示眼白、一对黑色圆圈表示眼珠，效果如图 7-44 所示，代码如下。

7-3-6.cpp

```
133    // 画出蛇头上的眼睛
134    float leftEyeAngle = cCircle.angle + 1; // 左眼角度
135    float rightEyeAngle = cCircle.angle - 1; // 右眼角度
136    // 以下根据对应角度，得到左右眼的中心坐标
137    float leftEyeX = snake[0].x + 0.8 * RADIUS * cos(leftEyeAngle);
138    float leftEyeY = snake[0].y - 0.8 * RADIUS * sin(leftEyeAngle);
139    float rightEyeX = snake[0].x + 0.8 * RADIUS * cos(rightEyeAngle);
140    float rightEyeY = snake[0].y - 0.8 * RADIUS * sin(rightEyeAngle);
141    // 画眼白
142    setlinecolor(RGB(250, 250, 250)); // 设置线条颜色
143    setfillcolor(RGB(250, 250, 250)); // 设置填充颜色
144    fillcircle(leftEyeX, leftEyeY, 0.5 * RADIUS);
145    fillcircle(rightEyeX, rightEyeY, 0.5 * RADIUS);
146    // 画黑色眼珠
147    setlinecolor(RGB(50, 50, 50)); // 设置线条颜色
148    setfillcolor(RGB(50, 50, 50)); // 设置填充颜色
149    fillcircle(leftEyeX, leftEyeY, 0.25 * RADIUS);
150    fillcircle(rightEyeX, rightEyeY, 0.25 * RADIUS);
```

假设蛇头的圆心为 O，半径为 RADIUS。蛇头左眼珠的圆心为 L，右眼珠的圆心为 R，OL 和 OR 的长度均为 0.8 × RADIUS。

蛇头移动方向 OC 的角度为 cCircle.angle，7-3-6.cpp 中第 134 行设定 OL 的角度 leftEyeAngle，第 135 行设定 OR 的角度 rightEyeAngle。两个眼睛圆心的连线 LR 正好和玩家控制的运动方向 OC 垂直

利用三角函数，第 137 ~ 140 行代码求出左眼圆心坐标 (leftEyeX, leftEyeY)、右眼圆心坐标 (rightEyeX, rightEyeY)。第 142 ~ 145 行代码绘制半径为 0.5 × RADIUS 的眼白，第 147 ~ 150 行代码绘制半径为 0.25 × RADIUS 的黑色眼珠。

图 7-44

7.4　拓展练习：飞机大战

读者可以尝试利用 STL 的 vector 数据结构实现飞机大战游戏，如图 7-45 所示。代码实现可以参考配套资源中的 7-4.cpp，扫描下方二维码观看视频效果"7.4 飞机大战"。

图 7-45

7.4 飞机大战

7.5　小结

本章主要讲解了常见的数据结构和标准模板库，并利用 STL 的 vector 数据结构实现了贪吃蛇和飞机大战游戏。

对于常见的祖玛、俄罗斯方块等游戏，读者也可以思考如何实现相应的数据结构。

第8章　走迷宫

在本章中，我们将实现走迷宫游戏。如图 8-1 所示，玩家通过键盘控制小

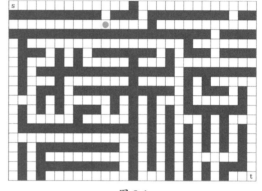

球移动，从左上角的起点 s 走到
右下角的终点 t。

　　我们首先实现图形显示、键
盘控制的走迷宫游戏，然后基于
十字分割算法实现迷宫地图的自
动生成，接着学习图的广度优
先搜索算法、深度优先搜索算
法，并应用于走迷宫游戏的自动
求解。

图 8-1

8.1　实现走迷宫游戏

8.1.1　迷宫地图初始化与显示

　　走迷宫游戏的初始地图如图 8-2 所示。

图 8-2

走迷宫游戏的地图中包含 4 种元素，如表 8-1 所示。

表 8-1

元素图片	功能描述	英文名称	缩写字符
	空白区域：玩家可以走过	empty	e
	墙：玩家不能穿过	wall	w
 s	起始：迷宫游戏的出发点	source	s
 t	目标：迷宫游戏的目标点	target	t

　　为了描述地图数据，可以采用二维字符数组的形式。利用表8-1中对应的缩写字符，图8-2的地图可以表示为：

```
1   char maze[7][9] =
2   { "seeeeeee",
3     "wwewweww",
4     "eeeeeeee",
5     "ewwwweww",
6     "eeeeweee",
7     "wwwewwww",
8     "eeeeeeet"};
```

　　在show()函数中根据maze[i][j]的值绘制出表8-1中的对应图案，完整代码如8-1-1.cpp所示。

8-1-1.cpp

```
1    #include <graphics.h>
2    #include <conio.h>
3
4    // 迷宫的行、列数
5    # define ROWNUM 7
6    # define COLNUM 8
7    const int blockLength = 50; // 一格小正方形的边长
8    // 用字符型二维数组存储地图数据（注意字符串结束符要占一列）
9    // e: empty    w: wall   s: source   t: target
10   char maze[ROWNUM][COLNUM + 1] =
11   { "seeeeeee",
12     "wwewweww",
13     "eeeeeeee",
14     "ewwwweww",
15     "eeeeweee",
16     "wwwewwww",
17     "eeeeeeet" };
```

```
18
19    void startup()  //  初始化函数
20    {
21        int windowWidth = COLNUM * blockLength; // 屏幕宽度
22        int windowHEIGHT = ROWNUM * blockLength; // 屏幕高度
23        initgraph(windowWidth, windowHEIGHT);   // 新开窗口
24        setbkcolor(RGB(100, 100, 100));   // 设置背景颜色
25        cleardevice();     // 以背景颜色清空画面
26        BeginBatchDraw(); // 开始批量绘制
27        setbkmode(TRANSPARENT); // 文字字体透明
28    }
29
30    void show()  // 绘制函数
31    {
32        cleardevice(); // 以背景颜色清空画面
33
34        for (int i = 0; i < ROWNUM; i++)
35        {
36            for (int j = 0; j < COLNUM; j++)
37            {
38                if (maze[i][j] == 'e') // 空白方块效果
39                {
40                    setfillcolor(RGB(255, 255, 255));   // 设置填充颜色
41                    setlinecolor(RGB(50, 50, 50));   // 设置线条颜色
42                    // 画一个方块
43                    fillrectangle(j * blockLength, i * blockLength, (j + 1) *
    blockLength, (i + 1) * blockLength);
44                }
45                else if (maze[i][j] == 's' || maze[i][j] == 't')//起始、终
    止位置的方块效果
46                {
47                    setfillcolor(RGB(255, 255, 255));   // 设置填充颜色
48                    setlinecolor(RGB(50, 50, 50));   // 设置线条颜色
49                    // 画一个方块
50                    fillrectangle(j * blockLength, i * blockLength, (j +
    1) * blockLength, (i + 1) * blockLength);
51
52                    settextstyle(0.8 * blockLength, 0, _T("宋体")); //设置
    文字大小、字体
53                    RECT r = { j * blockLength, i * blockLength,(j + 1) *
    blockLength, (i + 1) * blockLength }; // 文字显示区域
54                    // 在区域内显示数字文字，水平居中、竖直居中
55                    if (maze[i][j] == 's')
56                    {
57                        settextcolor(BLUE); // 设定文字颜色
58                        drawtext(_T("s"), &r, DT_CENTER | DT_VCENTER | DT_
    SINGLELINE);
59                    }
60                    else if (maze[i][j] == 't')
61                    {
```

123

```
62                          settextcolor(RED); // 设定文字颜色
63                          drawtext(_T("t"), &r, DT_CENTER | DT_VCENTER | DT_
    SINGLELINE);
64                      }
65                  }
66              }
67          }
68
69          FlushBatchDraw(); // 批量绘制
70      }
71
72      int main()
73      {
74          startup();  //  初始化函数
75          while (1)   //  一直循环
76          {
77              show();  // 进行绘制
78          }
79          return 0;
80      }
```

8.1.2　添加小球

本节为游戏添加玩家控制的小球，完整代码参见配套资源中的 8-1-2.cpp。

首先定义描述地图中行、列位置的结构体 Position，并定义存储起始位置的变量 source、存储目标位置的变量 target、存储玩家位置的变量 player，代码如下。

8-1-2.cpp

```
19      // 定义位置结构体，存储对应的行、列序号
20      struct Position
21      {
22          int i, j;
23      };
24      // 存储起始位置、目标位置、玩家位置对应的行、列序号
25      Position source, target, player;
```

在 startup() 函数中初始化，游戏开始时玩家在起始位置，代码如下。

8-1-2.cpp

```
29          for (int i = 0; i < ROWNUM; i++)
30              for (int j = 0; j < COLNUM; j++)
31              {
32                  if (maze[i][j] == 's') // 迷宫的起始位置
33                  {
34                      source.i = player.i = i;
35                      source.j = player.j = j;
```

```
36                    }
37                    else if (maze[i][j] == 't') // 迷宫的目标位置
38                    {
39                        target.i = i;
40                        target.j = j;
41                    }
42                }
```

在show()函数中添加代码，用一个绿色圆圈表示玩家，代码如下。

8-1-2.cpp

```
92        // 以下绘制玩家，绘制一个绿色圆圈
93        setlinecolor(GREEN);
94        setfillcolor(GREEN);
95        fillcircle((player.j + 0.5) * blockLength, (player.i + 0.5) *
      blockLength, 0.3 * blockLength);
```

8-1-2.cpp的运行效果如图8-3所示。

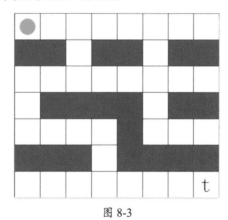

图 8-3

8.1.3　通过键盘控制小球移动

8.1.3 通过键盘
控制小球移动

本节实现通过键盘控制小球移动，完整代码参见配套资源中的8-1-3.cpp，扫描右侧二维码观看视频效果"8.1.3 通过键盘控制小球移动"。

添加update()函数代码，获得键盘按键，控制小球的移动方向，a表示向左、d表示向右、w表示向上、s表示向下。如果目标位置不是墙，且没有超出地图范围，则小球向目标位置前进。如果小球到达右下角t处，游戏胜利。代码如下。

8-1-3.cpp

```
111    void update()  // 每帧更新运行
112    {
```

```
113        if (_kbhit())  // 如果按键
114        {
115            char input = _getch(); // 获取按键
116            // 如果按下a键，且数组没有溢出、目标不是墙，向左移动
117            if (input=='a' && player.j > 0 && maze[player.i][player.j -
   1] != 'w')
118                player.j--;
119            // 如果按下d键，且数组没有溢出、目标不是墙，向右移动
120            if (input=='d' && player.j<COLNUM-1 && maze[player.i][player.
   j+1]!='w')
121                player.j++;
122            // 如果按下w键，且数组没有溢出、目标不是墙，向上移动
123            if (input=='w' && player.i > 0 && maze[player.i - 1][player.
   j] != 'w')
124                player.i--;
125            // 如果按下s键，且数组没有溢出、目标不是墙，向下移动
126            if (input=='s' && player.i<ROWNUM-1 && maze[player.i+1][player.
   j]!='w')
127                player.i++;
128        }
129
130        // 玩家走到目标位置，则游戏胜利
131        if (player.i == target.i && player.j == target.j)
132            gameStatus = 1;
133        else
134            gameStatus = 0;
135. }
```

8-1-3.cpp 的运行效果如图 8-4 所示。

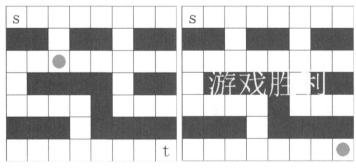

图 8-4

8.2　基于十字分割算法自动生成迷宫地图

为了能够自动生成任意大小的迷宫地图，且保证迷宫起点到终点之间有一条通路，本节基于十字分割算法实现迷宫地图的自动生成。

假设要创建7行、9列的迷宫地图，起点s在第1行、第1列，终点t在第7行、第9列，首先对整个空白地图进行处理，如图8-5所示的红色线框区域。

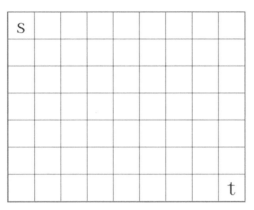

图 8-5

对行取1 ~ 7之间的随机偶数，比如取6；对列取1 ~ 9之间的随机偶数，比如取4。在第6行、第4列建立两道墙，形成一个十字，将红色线框区域分成了4个子区域，如图8-6所示。

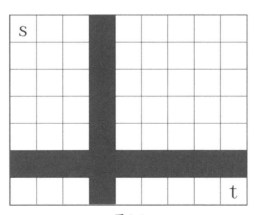

图 8-6

为了保证从起点s到终点t之间有一条通路，在图8-6中的4段墙上选择3段，在对应子区域的奇数行/列位置开洞（不选十字交叉点），比如图8-7中的3个黄色方块：在红色区域第6行的墙上，选择左上角子区域的第1列开洞、右上角子区域的第1列开洞；在红色区域第4列的墙上，选择左上角子区域的第3行开洞。

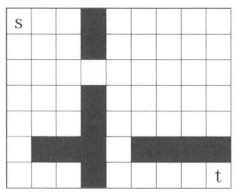

图 8-7

进一步迭代处理，比如对左上角的红色线框区域进行处理，如图8-8所示。

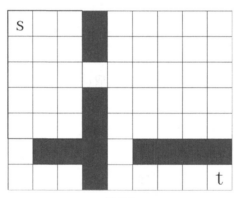

图 8-8

首先在红色线框区域内随机选择偶数行、偶数列进行十字分割，如图8-9所示。

图 8-9

然后随机选3段墙在子区域的奇数行/列开洞，如图8-10所示。

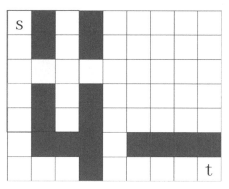

图 8-10

这时图8-10中红色线框区域中的4个子区域无法继续分割，因此继续处理其他区域，如图8-11所示的红色线框区域。

图 8-11

对图8-11中的红色线框区域进行迭代处理，如图8-12和图8-13所示。

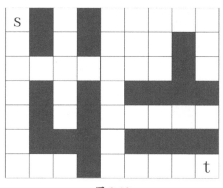

图 8-12

这时地图中的空白区域都无法继续分割，十字分割算法运行结束，得到了一幅随机迷宫地图，如图 8-14 所示。

图 8-13

图 8-14

通过十字分割算法，在大区域生成随机地图的问题，转变成了在 4 个小区域生成随机地图的问题，这和第 2 章的二分查找算法、第 3 章的快速排序算法一样，核心思想也是分治算法。

利用十字分割算法生成迷宫地图的完整代码参见 8-2-1.cpp，扫描下方二维码观看视频效果"8.2 基于十字分割算法自动生成迷宫地图"。在 8-2-1.cpp 中，函数 divideMap() 对矩形区域内的地图建立十字形墙壁，然后在 3 段墙上各开 1 个洞，并进一步递归调用 divideMap() 处理十字分割出的 4 个子区域。函数 generateMaze() 对迷宫地图初始化，并调用 divideMap() 函数生成随机迷宫地图。

8.2 基于十字分割算法自动生成迷宫地图

8-2-1.cpp

```
1    #include <graphics.h>
2    #include <conio.h>
3    #include <stdio.h>
4    #include <stdlib.h>
```

```
5     #include <time.h>
6
7     // 迷宫游戏的行、列数，为了便于构建地图，行、列数必须都是奇数
8     # define ROWNUM 19
9     # define COLNUM 27
10    const int blockLength = 35; // 一格小正方形的边长
11    // 用字符型二维数组存储地图数据
12    // e: empty    w: wall    s: source    t: target
13    char maze[ROWNUM][COLNUM];
14
15    // 在整数区间[x,y]中随机选择一个数字：如果x、y是奇数，随机选择[x,y]中
      的一个偶数；如果x、y是偶数，随机选择[x,y]中的一个奇数
16    // 例如，在[1,7]中随机选择2、4、6之一，在[0,6]中随机选择1、3、5之一
17    int randBetween(int x, int y)
18    {
19        int m = (y - x) / 2;
20        int n = rand() % m;
21        int r = 1 + x + 2 * n;
22        return r;
23    }
24
25    // 定义位置结构体，存储对应的行、列序号
26    struct Position
27    {
28        int i, j;
29    };
30    // 存储起始位置、目标位置、玩家位置对应的行、列序号
31    Position source, target, player;
32
33    // 对矩形区域内的地图建墙、开3个洞
34    void divideMap(int left_j, int top_i, int right_j, int bottom_i)
35    {
36        if (right_j - left_j >= 2 && bottom_i - top_i >= 2) // 当有足够空
      间时，建墙
37        {
38            // 生成建墙的行、列序号，只能选该区域内的第偶数行/列
39            int divide_i = randBetween(top_i, bottom_i);
40            int divide_j = randBetween(left_j, right_j);
41
42            // 生成十字形的两道墙，即把对应二维数组的值设为wall
43            for (int i = top_i; i <= bottom_i; i++)
44                maze[i][divide_j] = 'w';
45            for (int j = left_j; j <= right_j; j++)
46                maze[divide_i][j] = 'w';
47
48            // 下面开始在4段墙上随机挖3个洞，开洞位置在子区域的行/列需为奇数
49            int notHoleID = rand() % 4; // 有一个墙上不挖洞
50            if (notHoleID != 0) // 左边墙挖洞，概率为四分之三
51                maze[divide_i][randBetween(left_j - 1, divide_j)] = 'e';
52            if (notHoleID != 1) // 右边墙挖洞，概率为四分之三
```

```
53              maze[divide_i][randBetween(divide_j, right_j + 1)] = 'e';
54          if (notHoleID != 2) // 上边墙挖洞，概率为四分之三
55              maze[randBetween(top_i - 1, divide_i)][divide_j] = 'e';
56          if (notHoleID != 3) // 下边墙挖洞，概率为四分之三
57              maze[randBetween(divide_i, bottom_i + 1)][divide_j] = 'e';
58
59          // 以下迭代建墙、挖洞
60          if (divide_j - left_j > 2 && divide_i - top_i > 2) // 左上角
61              divideMap(left_j, top_i, divide_j - 1, divide_i - 1);
62          if (right_j - divide_j > 2 && bottom_i - divide_i > 2) // 右下角
63              divideMap(divide_j + 1, divide_i + 1, right_j, bottom_i);
64          if (right_j - divide_j > 2 && divide_i - top_i > 2) // 右上角
65              divideMap(divide_j + 1, top_i, right_j, divide_i - 1);
66          if (divide_j - left_j > 2 && bottom_i - divide_i > 2) // 左下角
67              divideMap(left_j, divide_i + 1, divide_j - 1, bottom_i);
68      }
69      else // 没有足够空间，返回
70          return;
71  }
72
73  // 定义函数，生成迷宫
74  void generateMaze()
75  {
76      // 开始时所有格子都是空白
77      for (int i = 0; i < ROWNUM; i++)
78      {
79          for (int j = 0; j < COLNUM; j++)
80              maze[i][j] = 'e';
81      }
82      // 建墙、开洞，递归实现
83      divideMap(0, 0, COLNUM - 1, ROWNUM - 1);
84
85      maze[0][0] = 's';  // 左上角为起始位置
86      maze[ROWNUM - 1][COLNUM - 1] = 't';  // 右下角为目标位置
87  }
88
89  void startup()  // 初始化函数
90  {
91      srand(time(0));  // 初始化随机种子
92
93      int windowWidth = COLNUM * blockLength; // 屏幕宽度
94      int windowHEIGHT = ROWNUM * blockLength; // 屏幕高度
95      initgraph(windowWidth, windowHEIGHT);        // 新开窗口
96      setbkcolor(RGB(100, 100, 100));    // 设置背景颜色
97      cleardevice();    // 以背景颜色清空画面
98      BeginBatchDraw(); // 开始批量绘制
99      setbkmode(TRANSPARENT); // 文字字体透明
100
101     // 迷宫的起始位置
```

```
102        source.i = player.i = 0;
103        source.j = player.j = 0;
104        // 迷宫的目标位置
105        target.i = ROWNUM - 1;
106        target.j = COLNUM - 1;
107
108        generateMaze(); // 生成随机迷宫地图
109    }
110
111    void show()  // 绘制函数
112    {
113        cleardevice(); // 以背景颜色清空画面
114
115        for (int i = 0; i < ROWNUM; i++)
116        {
117            for (int j = 0; j < COLNUM; j++)
118            {
119                if (maze[i][j] != 'w') // 非墙的方块效果
120                {
121                    setlinecolor(RGB(50, 50, 50));   // 设置线条颜色
122                    // 画一个方块
123                    fillrectangle(j * blockLength, i * blockLength, (j +
   1) * blockLength, (i + 1) * blockLength);
124                }
125            }
126        }
127
128        // 以下显示起始、终止文字信息
129        settextstyle(0.8 * blockLength, 0, _T("宋体")); // 设置文字大小、
   字体
130        // 文字显示区域
131        RECT r1 = { source.j * blockLength, source.i * blockLength, (source.
   j + 1) * blockLength, (source.i + 1) * blockLength };
132        // 在区域内显示数字文字，水平居中、竖直居中
133        settextcolor(BLUE); // 设定文字颜色
134        drawtext(_T("s"), &r1, DT_CENTER | DT_VCENTER | DT_SINGLELINE);
135        // 文字显示区域
136        RECT r2 = { target.j * blockLength, target.i * blockLength, (target.
   j + 1) * blockLength, (target.i + 1) * blockLength };
137        settextcolor(RED); // 设定文字颜色
138        drawtext(_T("t"), &r2, DT_CENTER | DT_VCENTER | DT_SINGLELINE);
139
140        FlushBatchDraw(); // 批量绘制
141    }
142
143    int main()
144    {
145        startup();  //  初始化函数
146        show(); // 先显示以下初始状态
```

```
147        _getch();
148        return 0;
149    }
```

图 8-15 为生成的 19 行 27 列的迷宫地图。

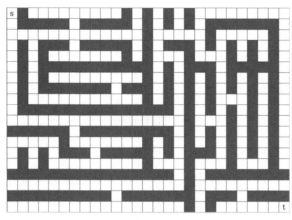

图 8-15

为了更好地理解十字分割算法，可以在 8-2-1.cpp 的 divideMap() 中添加下列语句，从而显示出迷宫生成的中间过程。

8-2-2.cpp

```
39    show(); // 显示地图
40    Sleep(200); // 暂停
```

将 8-2-1.cpp 和 8-1-3.cpp 结合，让玩家在生成的随机地图中进行走迷宫游戏。完整代码参见配套资源中的 8-2-2.cpp，运行效果如图 8-16 所示。

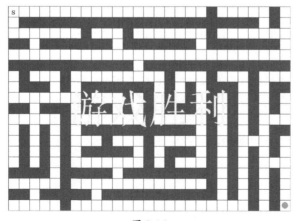

图 8-16

8.3　图的广度优先搜索算法

迷宫地图也可以抽象为图数据结构，用节点表示迷宫地图中的空白方块，连线表示节点间是否相邻，如图8-17所示。

要在图8-17中找到从起点S到终点G的路径，可以采用广度优先搜索算法。首先，将起点S放到队列中，如图8-18所示。

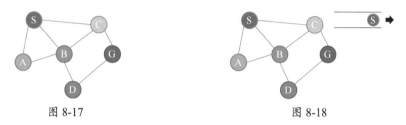

图 8-17　　　　　　　　　　　　　　图 8-18

取队列中的第一个节点，如果该节点是目标节点，运行结束；如果该节点不是目标节点，就把和它相邻且不在队列中的节点都加入到队列中。此时队列中第一个节点为S，把S的相邻节点A、B、C加入队列中，如图8-19所示。

将S从队列中删除，并标记为已查询（设为灰色），如图8-20所示。

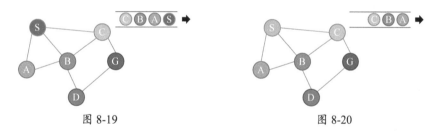

图 8-19　　　　　　　　　　　　　　图 8-20

继续访问队列中的第一个元素，此时为节点A，节点A不是目标节点，继续运行。节点A不存在未查询且不在队列中的相邻节点。将A从队列中删除，并标记为已查询（灰色），如图8-21所示。

继续访问队列中的第一个节点B，B不是目标节点，继续运行。将其相邻、未查询过、不在队列中的节点D添加到队列中，如图8-22所示。

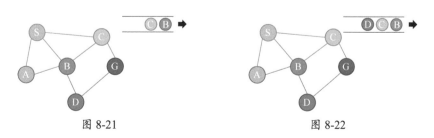

图 8-21　　　　　　　　　　　　　　图 8-22

将 B 从队列中删除，并标记为已查询（灰色），如图 8-23 所示。

继续访问队列中的第一个节点 C, C 不是目标节点，继续运行。将其相邻、未查询过、不在队列中的节点 G 添加到队列中，如图 8-24 所示。

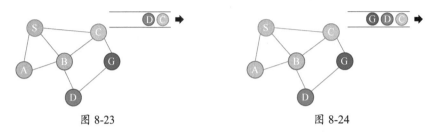

图 8-23　　　　　　　　　　　　　　　图 8-24

将 C 从队列中删除，并标记为已查询（灰色），如图 8-25 所示。

继续访问队列中的第一个节点 D, D 不是目标节点，继续运行。D 没有相邻、未查询且不在队列中的节点。将 D 从队列中删除，并设为已查询（灰色），如图 8-26 所示。

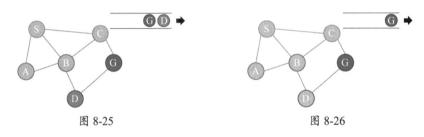

图 8-25　　　　　　　　　　　　　　　图 8-26

继续访问队列中的第一个节点 G, G 是目标节点，运行结束。

通过记录搜索过程中每一个节点的前置节点，可以得到从节点 S 到节点 G 的路径，即节点 G 是通过节点 C 添加到队列中的，节点 C 是通过节点 S 添加的，如图 8-27 中的红色路径所示。

图 8-27

图的广度优先搜索算法的伪代码如下。

```
1    将起点S放入队列queue中
2    while queue不为空
3        取queue中的第一个节点P
```

```
4        if P是目标节点
5            return
6        else
7            将与P相邻，且不在queue中、未查询过的节点加入queue
8            从queue中删除节点P，并将P设为已查询
```

8.4 图的深度优先搜索算法

图的广度优先搜索是从起点开始，由近到远开始搜索。也可以采用沿着一条路径不断往前搜索，直到找到目标的策略，这种方法叫作深度优先搜索算法。

首先，将起点S添加到栈中，如图8-28所示。

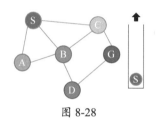

图 8-28

取栈中最上面的一个节点，如果该节点是目标节点，运行结束；如果该节点不是目标节点，就把它从栈中删除，并把和它相邻且不在栈中的节点都加入栈中。

此时栈中最上面的元素为S，不是目标节点，继续运行。将S从栈中删除，并标记为已查询（灰色），如图8-29所示。

将S的邻接节点A、B、C添加到栈中，如图8-30所示。

图 8-29   图 8-30

继续访问栈中最上面的元素，此时为节点A，节点A不是目标节点，继续运行。将A从栈中删除，并标记为已查询（灰色），如图8-31所示。

节点A不存在未查询且不在栈中的相邻节点。

继续访问栈中最上面的元素，此时为节点B，节点B不是目标节点，继续运行。将B从栈中删除，并标记为已查询（灰色），如图8-32所示。

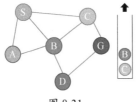

图 8-31

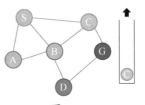

图 8-32

将与B相邻、未查询过、不在栈中的节点D添加到栈中，如图8-33所示。

继续访问栈中最上面的元素，此时为节点D，节点D不是目标节点，继续运行。将D从栈中删除，并标记为已查询（灰色），如图8-34所示。

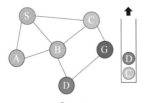

图 8-33

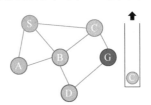

图 8-34

将与D相邻、未查询过、不在栈中的节点G添加到栈中，如图8-35所示。

继续访问栈中最上面的元素，此时为节点G，是目标节点，运行结束。

通过记录搜索过程中每一个节点的前置节点，可以得到从起始节点S到目标节点G的路径，即S-B-D-G，如图8-36中红色路径所示。

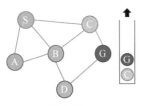

图 8-35

图 8-36

图的深度优先搜索算法的伪代码如下。

```
1    将起点S放入栈statck中
2    while statck不为空
3        取statck中最上面的节点P
4        if P是目标节点
5            return
6        else
7            从statck中删除节点P，并将P设为已查询
8            将与P相邻，且不在statck中、未查询过的节点压入statck
```

深度优先搜索是基于栈的搜索算法，将一个可能的分支路径深入到不能再深入为止，找到的路径不一定是最短路径，如图8-36所示。

广度优先搜索是基于队列的搜索算法，将一个节点的所有邻接节点都遍历完再拓展，能够确保找到最短路径，如图8-27所示。

8.4 图上的广度、深度优先搜索算法的可视化

配套资源中的8-4.cpp实现了对图上的广度、深度优先搜索算法的可视化，扫描右侧二维码观看视频效果"8.4 图上的广度、深度优先搜索算法的可视化"。

8.5　迷宫游戏自动求解

将8.3节讲解的广度优先搜索算法和8-1-3.cpp结合，即可利用广度优先搜索算法自动求解迷宫游戏，完整代码参见配套资源中的8-5-1.cpp，扫描右侧二维码观看视频效果"8.5.1 基于广度优先搜索算法自动走迷宫"。

8.5.1 基于广度优先搜索算法自动走迷宫

8-5-1.cpp中核心的搜索函数代码如下。

8-5-1.cpp

```
112    // 进行广度优先搜索
113    void searchMap()
114    {
115        //   初始化所有的节点，开始时都没有被检索过
116        for (int i = 0; i < ROWNUM; i++)
117        {
118            for (int j = 0; j < COLNUM; j++)
119            {
120                Block b;
121                b.i = i;
122                b.j = j;
123                b.isChecked = 0; // 0表示没有被处理
124                b.prev = NULL; // 开始时指向上一个的指针都是空的
125                map[i][j] = b;
126            }
127        }
128        queue<Block> q; // 待检索队列
129        //   开始时把起始位置放进去，当前节点设为已经检查过
130        q.push(map[source.i][source.j]);
131        map[source.i][source.j].isChecked = 1; // 1表示添加到队列中待被检索
132
133        while (!q.empty()) // 当队列非空时，一直循环
134        {
135            player = q.front(); // 取队列中的第一个元素，设为player的位置
136            show(); // 绘制当前状态
137            map[player.i][player.j].isChecked = 2; // 2表示已经比对过
138            if (player.i == target.i && player.j == target.j) // 如果已经到
```

```
       了目标位置
139          {
140               show();
141               return; // 返回
142          }
143          else // 如果还没有到目标位置
144          {
145               // 把player周围连通的、还没有添加过的节点，加入队列
146               if (player.j > 0 && maze[player.i][player.j - 1] != 'w'
    && map[player.i][player.j - 1].isChecked == 0)
147               {
148                    // 记录当前节点是从哪个节点搜索过来的
149                    map[player.i][player.j - 1].prev = &map[player.i]
    [player.j];
150                    map[player.i][player.j - 1].isChecked = 1; // 1表示添
    加到队列中待被检索
151                    q.push(map[player.i][player.j - 1]);  // 左
152               }
153               if (player.j < COLNUM - 1 && maze[player.i][player.j + 1]
    != 'w' && map[player.i][player.j + 1].isChecked == 0)
154               {
155                    map[player.i][player.j + 1].prev = &map[player.i]
    [player.j];
156                    map[player.i][player.j + 1].isChecked = 1; // 1表示添
    加到队列中待被检索
157                    q.push(map[player.i][player.j + 1]);  // 右
158               }
159               if (player.i > 0 && maze[player.i - 1][player.j] != 'w' &&
    map[player.i - 1][player.j].isChecked == 0)
160               {
161                    map[player.i - 1][player.j].prev = &map[player.i]
    [player.j];
162                    map[player.i - 1][player.j].isChecked = 1; // 1表示添
    加到队列中待被检索
163                    q.push(map[player.i - 1][player.j]);  // 上
164               }
165               if (player.i < ROWNUM - 1 && maze[player.i + 1][player.j]
    != 'w' && map[player.i + 1][player.j].isChecked == 0)
166               {
167                    map[player.i + 1][player.j].prev = &map[player.i]
    [player.j];
168                    map[player.i + 1][player.j].isChecked = 1; // 1表示添
    加到队列中待被检索
169                    q.push(map[player.i + 1][player.j]);  // 下
170               }
171
172               // 删除队列中的当前节点
173               q.pop();
174          }
175          show(); // 绘制当前状态
```

```
176        }
177    }
```

8-5-1.cpp 的运行结果如图 8-37 所示。

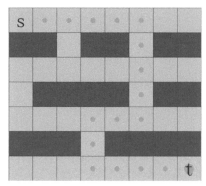

图 8-37

将 8.4 节讲解的深度优先搜索算法和 8-1-3.cpp 结合，即可利用深度优先搜索算法自动求解迷宫游戏，完整代码参见配套资源中的 8-5-2.cpp，扫描右侧二维码观看视频效果"8.5.2 基于深度优先搜索算法自动走迷宫"

8.5.2 基于深度优先搜索算法自动走迷宫

8-5-2.cpp 中核心的搜索函数代码如下。

8-5-2.cpp

```
112    // 进行深度优先搜索
113    void searchMap()
114    {
115        // 初始化所有的节点，开始时都没有被检索过
116        for (int i = 0; i < ROWNUM; i++)
117        {
118            for (int j = 0; j < COLNUM; j++)
119            {
120                Block b;
121                b.i = i;
122                b.j = j;
123                b.isChecked = 0; // 0表示没有被处理
124                b.prev = NULL; // 开始时指向上一个的指针都是空的
125                map[i][j] = b;
126            }
127        }
128        stack<Block> s; // 待检索栈
129        // 开始时把起始位置放进去，当前节点设为已经检查过
130        s.push(map[source.i][source.j]);
131        map[source.i][source.j].isChecked = 1; // 1表示添加到栈中待被检索
132
133        while (!s.empty()) // 当栈非空时，一直循环
```

```
134          {
135              player = s.top(); // 取栈中的第一个元素，设为player的位置
136              show(); // 绘制当前状态
137              map[player.i][player.j].isChecked = 2; // 2表示已经比对过
138              if (player.i == target.i && player.j == target.j) // 如果已经
     到了目标位置
139              {
140                  show();
141                  return; // 返回
142              }
143              else // 如果还没有到目标位置
144              {
145                  s.pop(); // 删除栈中的当前节点
146
147                  // 把player周围连通的、还没有添加过的节点，加入栈
148                  if (player.j > 0 && maze[player.i][player.j - 1] != 'w' &&
     map[player.i][player.j - 1].isChecked == 0)
149                  {
150                      // 记录当前节点是从哪个节点搜索过来的
151                      map[player.i][player.j - 1].prev = &map[player.i]
     [player.j];
152                      map[player.i][player.j - 1].isChecked = 1; // 1表示添
     加到栈中等待被检索
153                      s.push(map[player.i][player.j - 1]);  // 左
154                  }
155                  if (player.j < COLNUM - 1 && maze[player.i][player.j + 1]
     != 'w' && map[player.i][player.j + 1].isChecked == 0)
156                  {
157                      map[player.i][player.j + 1].prev = &map[player.i]
     [player.j];
158                      map[player.i][player.j + 1].isChecked = 1; // 1表示添
     加到栈中等待被检索
159                      s.push(map[player.i][player.j + 1]);  // 右
160                  }
161                  if (player.i > 0 && maze[player.i - 1][player.j] != 'w' &&
     map[player.i - 1][player.j].isChecked == 0)
162                  {
163                      map[player.i - 1][player.j].prev = &map[player.i]
     [player.j];
164                      map[player.i - 1][player.j].isChecked = 1; // 1表示添
     加到栈中等待被检索
165                      s.push(map[player.i - 1][player.j]);  // 上
166                  }
167                  if (player.i < ROWNUM - 1 && maze[player.i + 1][player.j]
     != 'w' && map[player.i + 1][player.j].isChecked == 0)
168                  {
169                      map[player.i + 1][player.j].prev = &map[player.i]
     [player.j];
170                      map[player.i + 1][player.j].isChecked = 1; // 1表示添
     加到栈中等待被检索
171                      s.push(map[player.i + 1][player.j]);  // 下
```

```
172                    }
173                }
174                show(); // 绘制当前状态
175            }
176        }
```

8-5-2.cpp 的运行结果如图 8-38 所示。

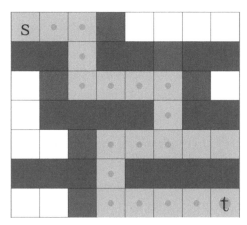

图 8-38

进一步，也可以将迷宫地图生成算法和广度优先搜索算法结合，完整代码参见配套资源中的 8-5-3.cpp，运行效果如图 8-39 所示，扫描下方二维码观看视频效果"8.5.3 随机生成迷宫地图并用广度优先搜索算法求解"。

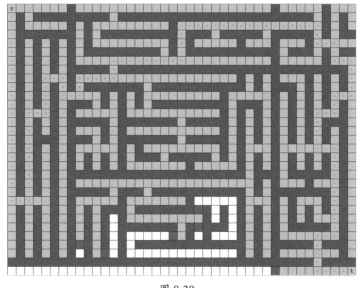

8.5.3 随机生成
迷宫地图并用
广度优先搜索
算法求解

图 8-39

8.6 小结

本章主要讲解了走迷宫游戏的实现，以及利用十字分割算法自动生成迷宫地图。本章还讲解了图的广度优先搜索算法、深度优先搜索算法，并实现了走迷宫游戏的自动求解。

8.6.1 基于深度优先搜索算法生成随机迷宫地图 v1

读者还可以尝试利用深度优先搜索算法生成随机迷宫地图。代码实现可以参考配套资源中的8-6-1.cpp和8-6-2.cpp，扫描右侧二维码观看视频效果"8.6.1 基于深度优先搜索算法生成随机迷宫地图 v1"和"8.6.2 基于深度优先搜索算法生成随机迷宫地图 v2"。

为什么广度优先搜索算法、深度优先搜索算法这么重要？

8.6.2 基于深度优先搜索算法生成随机迷宫地图 v2

很多问题的求解都可以转换成在空间内进行搜索。在没有广度优先搜索算法、深度优先搜索算法之前，解决很多问题都需要思考特定的数据结构、搜索策略，只能一题一解。而有了这两种算法后，很多问题都可以使用统一的算法框架进行求解。这两种算法确定了统一的扩展查找节点的方案。

第5章的八皇后问题可以用回溯法求解，回溯思想是"一直向下走，走不通就掉头"，这其实就是一种深度优先搜索。读者可以尝试用深度优先搜索算法重新实现八皇后问题的求解。

第6章的消灭星星问题中我们基于FloodFill消除连通方块，FloodFill算法也可以用广度优先搜索算法实现：从起始方块开始，逐层向外扩展，访问所有与之相连且具有相同颜色的方块。读者可以尝试用广度优先搜索算法重新求解连通方块的消除问题。

第9章　连连看

在本章中，我们将利用图的搜索算法实现连连看游戏。如图9-1所示，玩家点击两个方格，如果方格中的图片一样，且方格间连线的拐弯次数不超过2时，将这两个方格消除；所有方格都消除，游戏胜利。

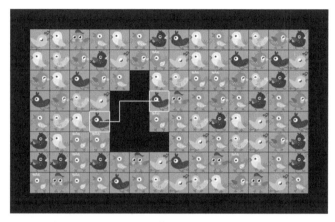

图 9-1

9.1　连连看游戏基础版

9.1.1　数据初始化与显示

定义结构体Block，存储连连看游戏中小方格的信息，代码如下。

9-1-1.cpp

```
16    struct Block
17    {
18        int i, j;
19        int imType;
20    };
```

其中成员变量i、j存储小方格在游戏画面中的行号、列号；imType 记录方格图片的类型，0表示当前方格为空，1到10表示在方格中显示图9-2中对应序号的小鸟图片。

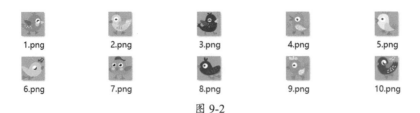

图 9-2

定义结构体二维数组 grid，记录游戏画面中所有小方格的信息，代码如下。

9-1-1.cpp

```
22    Block grid[ROWNUM][COLNUM];
```

在 startup() 函数中，对 grid 进行初始化。注意 grid 最外圈为空方格，相同图像的方格个数为偶数。在 show() 函数中，如果 grid[i][j].imType 不等于 0，就显示相应的方格图片，如图 9-3 所示。

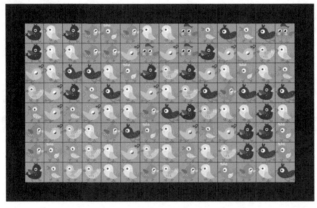

图 9-3

绘制连连看游戏初始界面的完整代码参见 9-1-1.cpp。

9-1-1.cpp

```
1     #include <graphics.h>
2     #include <conio.h>
3     #include <time.h>
4     #include "EasyXPng.h"
5     using namespace std;
6
7     // 连连看游戏的行、列数，为便于处理，需要是偶数
8     # define ROWNUM 10
9     # define COLNUM 16
10    // 连连看小方格的种类数目，即小鸟图片的数目
11    # define IMNUM 10
12    const int blockLength = 60; // 一格小正方形的边长
13    IMAGE imBirds[IMNUM + 1]; // 所有的小鸟图片
```

```
14
15    // 定义小方格结构体，存储对应的行、列序号，以及是否被检索过等
16    struct Block
17    {
18        int i, j; // 对应方格的行、列序号
19        int imType; // 对应小方格的图像序号：0表示当前方格为空，为黑色背景；
      其他数值表示为不同的图像方格
20    };
21    // 二维数组，记录游戏画面中所有小方格的信息
22    Block grid[ROWNUM][COLNUM];
23
24    int remainBlockNum; // 剩余的图像方格个数
25
26    void startup()  // 初始化函数
27    {
28        srand(time(0));  // 初始化随机种子
29
30        // 导入所有的小鸟图片
31        for (int i = 1; i <= IMNUM; i++)
32        {
33            TCHAR filename[50]; // 定义字符串数组
34            swprintf_s(filename, _T("%d.png"), i); // 对应图像文件名
35            loadimage(&imBirds[i], filename); // 导入图片
36        }
37
38        int windowWidth = COLNUM * blockLength; // 屏幕宽度
39        int windowHEIGHT = ROWNUM * blockLength; // 屏幕高度
40        initgraph(windowWidth, windowHEIGHT);   // 新开窗口
41        setbkcolor(RGB(50, 50, 50));    // 设置背景颜色为黑灰色
42        cleardevice();      // 以背景颜色清空画面
43        setlinestyle(PS_SOLID, 2); // 设置线条样式，实线、线宽
44        setbkmode(TRANSPARENT); // 文字字体透明
45        BeginBatchDraw(); // 开始批量绘制
46
47        // 初始化游戏数据，二维数组grid最外围一圈是空的方格
48        for (int i = 0; i < ROWNUM; i++)
49        {
50            grid[i][0].imType = 0; // 最左边一列
51            grid[i][COLNUM - 1].imType = 0; // 最右边一列
52        }
53        for (int j = 0; j < COLNUM; j++)
54        {
55            grid[0][j].imType = 0; // 最上面一行
56            grid[ROWNUM - 1][j].imType = 0;  // 最下面一行
57        }
58
59        // 初始化中间的方格，注意，相同图像的方格需成对出现，使得最后能够消除
60        for (int i = 1; i < ROWNUM - 1; i++)
61        {
62            for (int j = 1; j < COLNUM - 1; j = j + 2) // 注意j=j+2
63            {
64                // 二维数组元素设为随机整数，取对应图像数组的序号
65                int r = 1 + rand() % (IMNUM - 1); // 值为1到IMNUM-1
```

147

```
66                    // 先生成两个连续方格，填充相同的随机图像
67                    grid[i][j].imType = grid[i][j + 1].imType = r;
68            }
69        }
70
71        remainBlockNum = (ROWNUM - 2) * (COLNUM - 2); // 剩余的图像方格个数
72        // 再将二维数组grid中的元素进行乱序，即将图像方格位置打乱
73        for (int k = 1; k <= 10 * remainBlockNum; k++)
74        {
75            int i1 = 1 + rand() % (ROWNUM - 2);
76            int j1 = 1 + rand() % (COLNUM - 2);
77            int i2 = 1 + rand() % (ROWNUM - 2);
78            int j2 = 1 + rand() % (COLNUM - 2);
79            // 交换(i1,j1)、(i2,j2)对应的元素值
80            int temp = grid[i1][j1].imType;
81            grid[i1][j1].imType = grid[i2][j2].imType;
82            grid[i2][j2].imType = temp;
83        }
84    }
85
86    void show()  // 绘制函数
87    {
88        cleardevice(); // 以背景颜色清空画面
89
90        // 绘制所有的小方格
91        for (int i = 0; i < ROWNUM; i++) // 对行遍历
92        {
93            for (int j = 0; j < COLNUM; j++) // 对列遍历
94            {
95                if (grid[i][j].imType != 0) //非0元素才绘制；否则就只在此处
显示黑色背景
96                {
97                    setlinecolor(RGB(15, 15, 15));  // 边框线条颜色为黑灰色
98                    rectangle(j * blockLength, i * blockLength, (j + 1) *
blockLength, (i + 1) * blockLength);
99                    // 绘制当前方格图像
100                   putimagePng(j*blockLength, i*blockLength,  &imBirds
[grid[i][j].imType]);
101               }
102           }
103       }
104       FlushBatchDraw(); // 批量绘制
105   }
106
107   int main()
108   {
109       startup();  // 初始化函数
110       while (1)   // 一直循环
111       {
112           show();  // 进行绘制
113       }
114       return 0;
115   }
```

9.1.2 记录和处理鼠标点击操作

本节实现记录和处理鼠标点击操作，完整代码参见配套资源中的9-1-2.cpp，扫描右侧二维码观看视频效果"9.1.2记录和处理鼠标点击操作"。

添加update()函数代码，记录鼠标点击的第一个方格位置(first_i, first_i)、第二个方格位置(second_i, second_j)，为下一步的消除判断做好准备，代码如下。

9.1.2 记录和处理
鼠标点击操作

9-1-2.cpp

```
131   void update()  // 更新
132   {
133       MOUSEMSG m;       // 定义鼠标消息
134       if (MouseHit())   // 如果有鼠标消息
135       {
136           m = GetMouseMsg();  // 获得鼠标消息
137           if (m.uMsg == WM_LBUTTONDOWN) // 如果点击鼠标左键
138           {
139               // 首先获得用户点击的对应方格的行号、列号
140               int iClicked = m.y / blockLength;
141               int jClicked = m.x / blockLength;
142
143               if (grid[iClicked][jClicked].imType == 0) // 如果选中的是
                  黑色无小鸟图像的方格，不处理
144                   return; // 直接返回
145
146               if (first_i == -1) // 如果第一个方格还没有被选中
147               {
148                   first_i = iClicked; // 更新第一个被选中方格的信息
149                   first_j = jClicked;
150               }
151               else if (first_i == iClicked && first_j == jClicked) // 如果
                  点击的是第一个选择的方格
152               {
153                   first_i = -1; // 清空第一个被选中方格
154               }
155               else    // 表示第一个方格已经被选中了，现在点击的是第二个方格
156               {
157                   second_i = iClicked; // 更新第二个被选中方格的信息
158                   second_j = jClicked;
159                   show(); //  绘制中间状态
160                   Sleep(1000); // 暂停1秒
161                   // 做一些处理，清空两个方格的信息
162                   first_i = -1; // 清空第一个被选中的方格
163                   second_i = -1; // 清空第二个被选中的方格
164               }
165           }
166       }
167   }
```

在show()函数中添加代码，将被选中方格的线框绘制为白色，代码如下。

9-1-2.cpp

```
112        // 如果鼠标已选了第一个方格，设置该方格线框为白色
113        if (first_i != -1)
114        {
115            setlinecolor(WHITE);  // 边框线条颜色为白色
```

9-1-2.cpp的运行效果如图9-4所示。

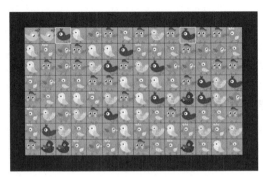

图 9-4

9.2　基于广度优先搜索算法的消除判断

9.2.1　基于广度优先搜索算法的方格连线和消除

参考第8章迷宫游戏的求解方法，连连看游戏中的方格连线问题也可以利用图的广度优先搜索算法进行求解，算法的伪代码如下。

```
1     将第一个点击的方格放入队列queue中
2     while queue不为空
3         取queue中的第一个节点c
4         从c沿着上、下、左、右四个方向寻找，当找到的节点s没有超出边界时
5             if s是空方格且不在queue中、未查询过
6                 将s加入queue（因为存在从c出发、经过空方格s的路径）
7             if s是图像方格
8                 if s是第二个点击的方格
9                     找到了，结束查找
10                else
11                    结束这个方向的搜索（因为从c出发的路径被s挡住了）
12        从queue中删除节点c，并将c设为已查询
```

完整代码参见配套资源中的9-2-1.cpp，扫描右侧二维码观看视频效果"9.2.1 基于广度优先搜索算法的方格连线和消除"。

首先为结构体Block添加成员变量，代码如下。其中isChecked记录搜索过程中当前方格是否被检索过；prev记录搜索路径中当前节点的前一个节点的地址，用于绘制两个方

9.2.1 基于广度优先搜索算法的方格连线和消除

格间的连线。

9-2-1.cpp

```
18    struct Block
19    {
20        int i, j;
21        int imType;
22        bool isChecked;
23        Block* prev;
24    };
```

添加searchMap()函数，从被点击的第一个方格grid[search_i][search_j]开始进行广度优先搜索，如果能够找到到达被点击的第二个方格grid[second_i][second_j]的路径，就将这两个方格消除。在具体实现中，首先利用二维数组存储向上、下、左、右四个方向搜索时，对行、列序号更改的数值，代码如下。

9-2-1.cpp

```
183    int directions[4][2] = { {-1,0},{1,0},{0,-1},{0,1} };
```

在searchMap()函数中利用for循环，就可以依次处理四个方向上的搜索，代码如下。

9-2-1.cpp

```
184    for (int d = 0; d < 4; d++) // 一共循环四次，每次朝着一个方向搜索
185    {
186        int search_i, search_j; // 搜索节点的位置
187        search_i = currentBlock.i; // 先设为当前节点位置
188        search_j = currentBlock.j;
189        // 当行、列序号没有超出范围时
190        while ((d == 0 && search_i > 0)              // 向左搜索不越界
191            || (d == 1 && search_i < ROWNUM - 1)    // 向右搜索不越界
192            || (d == 2 && search_j > 0)              // 向上搜索不越界
193            || (d == 3 && search_j < COLNUM - 1))   // 向下搜索不越界
194        {
195            // 修改行、列序号，朝着某一方向搜索
196            search_i += directions[d][0];
197            search_j += directions[d][1];
198        }
199    }
```

在show()函数中添加代码，从被点击的第二个方格开始，利用变量prev依次访问路径中的前一个方格，显示出被点击的两个方格之间的连线。

9-2-1.cpp

```
136    // 显示从第二个点选的方格，到第一个点选方格的路径折线
137    Block tempBlock = grid[second_i][second_j];
138    while (tempBlock.prev != NULL)
```

```
139    {
140        int x1 = (tempBlock.j + 0.5) * blockLength;
141        int y1 = (tempBlock.i + 0.5) * blockLength;
142        int x2 = (tempBlock.prev->j + 0.5) * blockLength;
143        int y2 = (tempBlock.prev->i + 0.5) * blockLength;
144        // 绘制方格中心的连线
145        line(x1, y1, x2, y2);
146        tempBlock = *(tempBlock.prev);
147    }
148    FlushBatchDraw(); // 批量绘制
149    Sleep(200); // 暂停，显示下连线
```

9-2-1.cpp 的运行效果如图 9-5 所示。

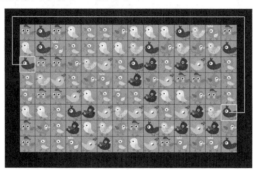

图 9-5

9.2.2　基于广度优先搜索算法限制拐弯次数

在连连看的游戏设定中，能被消除的两个方格间连线的拐弯次数不超过 2，算法的伪代码如下。

```
1    将第一个点击的方格拐弯次数设为0，其他节点拐弯次数设为无穷大
2    将第一个点击的方格放入队列queue中
3    while queue不为空
4        取queue中的第一个节点c
5        从c沿着上、下、左、右四个方向寻找，当找到的节点s没有超出边界时（注
         意，当某一方向有连续多个空方格时，会先沿着这个方向一直找下去，直到条
         件不满足，再进行其他方向的搜索）
6            if s是空方格
7                if s的拐弯次数 > c的拐弯次数 + 1
8                    s的拐弯次数 = c的拐弯次数 + 1
9                if s不在queue中、未查询过、s的拐弯次数<=2
10                   将s加入queue
11           if s是图像方格
12               if s是第二个点击的方格、c的拐弯次数<=2
13                   找到了，结束查找
14               else
15                   结束这个方向的搜索
16       从queue中删除节点c，并将c设为已查询
```

基于广度优先搜索算法限制拐弯次数的完整代码参见配
套资源中的9-2-2.cpp，扫描右侧二维码观看视频效果"9.2.2 基
于广度优先搜索算法限制拐弯次数"。

在9-2-2.cpp中，为结构体Block添加成员变量，代码如下，
其中turnNum记录从起始节点到当前节点的连线需要的拐弯次数。

9.2.2 基于广度
优先搜索算法
限制拐弯次数

9-2-2.cpp

```
18    struct Block
19    {
20        int i, j;
21        int imType;
22        bool isChecked;
23        int turnNum;
24        Block* prev;
25    };
```

在searchMap()函数中，初始设定被点击的第一个方格grid[search_i]
[search_j]的turnNum为0，其他方格的turnNum为9999。

对于方格s，在搜索过程中如果有从方格c过来的路径，且满足s.turnNum >
c.trunNum + 1，则更新s的前置节点为c，更新s的拐弯次数为c.trunNum + 1。

如果鼠标点击的两个方格grid[search_i][search_j]和grid[second_i][second_
j]之间有连线，且grid[second_i][second_j].turnNum不超过2，就可以将这两个
方格消除。

> **提示** 学完第10章的迪杰斯特拉算法后，读者可以回过头来再看看这里更新
> 拐弯次数的方法，会有新的体会。

核心搜索算法代码如下。

9-2-2.cpp

```
156    // 进行广度优先搜索，从被点击的第一个方格开始，在不超过2次拐弯内，能否
       找到被点击的第二个方格
157    void searchMap()
158    {
159        // 初始化所有的节点，开始都没有被检索过
160        for (int i = 0; i < ROWNUM; i++)
161        {
162            for (int j = 0; j < COLNUM; j++)
163            {
164                grid[i][j].i = i;
165                grid[i][j].j = j;
166                grid[i][j].isChecked = false; // 没有被处理过
167                grid[i][j].turnNum = 9999; // 从初始节点到当前节点的连线需
```

```
       要的拐弯次数，初始拐弯次数设为9999
168                    grid[i][j].prev = NULL; // 起初指向上一个的指针都是空的
169             }
170         }
171
172         // 沿着一个方向查找，把所有空方格加入队列中，判断第一个方格图像是
       否等于目标方格
173         queue<Block> q; // 待检索队列
174         // 起初把被点击的第一个方格放进队列，当前节点设为已经检查过
175         grid[first_i][first_j].isChecked = true; // 已经添加到队列待被检索
176         grid[first_i][first_j].turnNum = 0; // 自己的拐弯次数为0
177         q.push(grid[first_i][first_j]); // 加入队列
178
179         while (!q.empty()) // 当队列非空时，一直循环
180         {
181             // 取队列中的第一个元素，设为当前要尝试的起始位置
182             // 下面以currentBlock为出发点，向上、下、左、右四个方向寻找
183             Block currentBlock = q.front();
184
185             // 沿着上、下、左、右四个方向搜索，对行、列序号更改的数值
186             int directions[4][2] = { {-1,0},{1,0},{0,-1},{0,1} };
187             for (int d = 0; d < 4; d++) // 一共循环四次，每次朝着一个方向搜索
188             {
189                 int search_i, search_j; // 搜索的起始位置
190                 search_i = currentBlock.i;
191                 search_j = currentBlock.j;
192                 // 当行、列序号没有超出范围时
193                 while ((d == 0 && search_i > 0)           // 向左搜索不越界
194                     || (d == 1 && search_i < ROWNUM - 1) // 向右搜索不越界
195                     || (d == 2 && search_j > 0)           // 向上搜索不越界
196                     || (d == 3 && search_j < COLNUM - 1)) // 向下搜索不越界
197                 {
198                     // 修改行、列序号，朝着某一方向搜索
199                     search_i += directions[d][0];
200                     search_j += directions[d][1];
201
202                     if (grid[search_i][search_j].imType==0)//如果搜索到的
       这个方格为空
203                     {
204                         if (grid[search_i][search_j].turnNum > currentBlock.
       turnNum + 1) // 如果目前连接方式能减少拐弯次数的话
205                             grid[search_i][search_j].turnNum = currentBlock.
       turnNum + 1; // 将拐弯次数设为所连接节点的拐弯次数+1
206                         // 如果这个空方格的拐弯次数不大于2，并且之前没有找过的话
207                         if (grid[search_i][search_j].turnNum <= 2 && grid
       [search_i][search_j].isChecked == false)
208                         {
209                             grid[search_i][search_j].isChecked = true;
       // 将这个空方格设为已被查找过
210                             grid[search_i][search_j].prev = &grid
       [currentBlock.i][currentBlock.j]; // 设置前一个方格，后面用于绘图
211                             q.push(grid[search_i][search_j]); // 把这个空
```

```
         方格添加到待查找队列中
212                          }
213                      }
214                      else if (grid[search_i][search_j].imType!=0) //如果这
     个方格为非空
215                      {
216                          //  如果找到了被点击的第二个方格，并且当前过来的拐
     弯次数不超过2
217                          if (search_i == second_i && second_j == search_j
     && currentBlock.turnNum <= 2)
218                          {
219                              canRemove = true; // 可以消除被点击的两个方格
220                              grid[search_i][search_j].prev = &grid
     [currentBlock.i][currentBlock.j]; // 设置前一个方格，后面用于绘图
221                              show();  // 显示连线等
222                              //  鼠标点击的两个方格值都设为0，表示可以消除
223                              grid[first_i][first_j].imType = 0;
224                              grid[second_i][second_j].imType = 0;
225                              remainBlockNum -= 2; // 剩余图像方格个数减2
226                              return; // searchMap()函数直接返回
227                          }
228                          else // 第一个非空方格不是要找的目标
229                          {
230                              break; // 这个方向搜索结束，结束while循环，开
     始另一个方向的搜索
231                          }
232                      }
233                  }
234              }
235
236              // 当前节点4个方向都搜索过了，删除队列中的当前节点
237              q.pop();
238          }
239      }
```

9-2-2.cpp 的运行效果如图9-6所示。

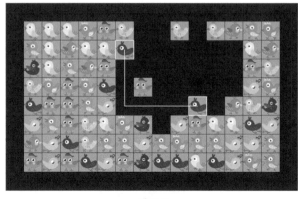

图 9-6

155

9.2.3　游戏胜负的判断与显示

当游戏中所有图像方格都被消除后，输出"游戏胜利"，如图9-7所示，扫描下方二维码观看视频效果"9.2.3 游戏胜负的判断与显示"。

9.2.3 游戏胜负
的判断与显示

图 9-7

当游戏中剩下的方格都无法被消除时，进入死锁状态，输出"游戏失败"，图9-8就是一种死锁状态。

图 9-8

添加JudgeIsDeadLock()函数，遍历游戏中的任意两个方格，如果所有相同图像的方格间都无法找到拐弯次数不超过2的连线，说明游戏进入死锁状态。

在update()函数中添加代码，剩余方格数目小于20时，调用JudgeIsDeadLock()判断是否进入死锁状态。如果是死锁状态，输出"游戏失败"。完整代码参见配套资源中的9-2-3.cpp。

9.3　拓展练习：围住神经猫

读者可以尝试"围住神经猫"游戏，如图9-9所示。小猫站在灰色圆圈内，每次可以向其周围6个方向的相邻灰色圆圈移动一步。玩家通过鼠标点击，设置橙色圆圈障碍物。如果小猫走到边界处，游戏失败；如果玩家用橙色圆圈把小猫围住，游戏胜利。扫描下方二维码观看视频效果"9.3.1 围住神经猫 游戏失败"和"9.3.2 围住神经猫 游戏胜利 显示移动路径"。

9.3.1 围住神经
猫 游戏失败

9.3.2 围住神经
猫 游戏胜利
显示移动路径

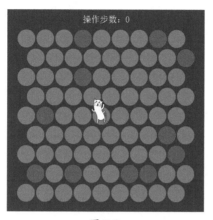

图 9-9

围住神经猫游戏的参考实现步骤如下。

1. 数据初始化与显示：首先定义小圆圈结构体，使用二维数组存储地图信息，在startup()函数中初始化，在show()函数中绘制，在update()函数中实现用户点击一个灰色圆圈后将其变成橙色圆圈障碍物。实现代码可参考9-3-1.cpp。

2. 基于广度优先搜索算法的小猫移动策略：利用广度优先搜索算法，找到让小猫能够移动到边界的路径，小猫沿着该路径移动一步。注意，在游戏地图中，小猫可以向其周围6个方向移动，在代码实现中，可以对奇数行、偶数行分别处理。实现代码可参考9-3-2.cpp。

3. 游戏完善：如果小猫到达边界，游戏失败；当小猫无法到达边界，但是周围还有灰色圆圈时，将小猫移动到其周围的一个灰色圆圈中；如果小猫周围的6个圆圈都是橙色障碍物，小猫无法移动，游戏胜利。为了增加游戏的挑战性，可以输出玩家操作步数，操作步数越少越好。实现代码可参考9-3-3.cpp。

9.4 小结

图的搜索算法应用广泛，看起来不太相关的连连看、围住神经猫游戏，都可以将数据抽象为图，利用广度优先搜索算法进行开发。

读者也可以回忆其他玩过的游戏，想想有没有可以利用图的搜索算法来实现的。

第10章 吃豆人

在本章中，我们将实现吃豆人游戏。如图10-1所示，玩家通过键盘控制吃豆人躲避幽灵的追捕，吃掉地图中的所有豆子，游戏胜利。

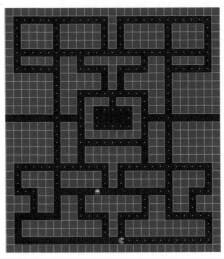

图 10-1

我们首先实现图形显示、键盘控制的吃豆人游戏基础版，然后学习加权图上的迪杰斯特拉算法、贪婪最佳优先搜索算法、A*算法，并应用于游戏中幽灵的自动追踪。

10.1 吃豆人游戏基础版

10.1.1 地图的存储与显示

图10-1中吃豆人游戏地图上一共有5种元素，如表10-1所示。

表 10-1

元素图片	功能描述	英文名称	缩写字符
	玩家：吃豆子、躲避幽灵	player	p

续表

元素图片	功能描述	英文名称	缩写字符
	幽灵：自动追踪玩家	ghost	g
	空地：玩家和幽灵能穿过	empty	e
	豆子：有豆子的空地	bean	b
	墙：玩家和幽灵不能穿过	wall	w

定义二维字符数组maze[ROWNUM][COLNUM + 1]来存储地图数据，用表10-1中的缩写字符表示地图中的不同元素。在show()函数中根据maze[i][j]的值绘制对应图案，地图的绘制效果如图10-2所示，完整代码参见10-1-1.cpp。

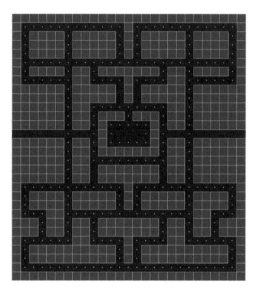

图 10-2

10-1-1.cpp

```
1   #include <graphics.h>
2   #include <conio.h>
3   #include <time.h>
4   #include "EasyXPng.h"
5
6   // 吃豆人游戏的行、列数
7   # define ROWNUM 30
8   # define COLNUM 27
9   const int blockLength = 23; // 正方形小方格的边长
```

```
10    // 用字符型二维数组存储地图数据（注意字符串结束符要占一列）
11    // e: empty    w: wall    b: bean    g: ghost    p: player
12    char maze[ROWNUM][COLNUM + 1] = {
13         "wwwwwwwwwwwwwwwwwwwwwwwwwww",
14         "wbbbbbbbbbbbbwbbbbbbbbbbbbw",
15         "wbwwwwbwwwwwbwbwwwwwbwwwwbw",
16         "wbwwwwbwwwwwbwbwwwwwbwwwwbw",
17         "wbwwwwbwwwwwbwbwwwwwbwwwwbw",
18         "wbbbbbbbbbbbbbbbbbbbbbbbbbw",
19         "wbwwwwbwbwwwwwwwbwwwwbwwwbw",
20         "wbbbbbbwbbbbwbbbbwbbbbbbbbw",
21         "wwwwwwbwwwwewewwwwwbwwwwwww",
22         "wwwwwbwwwwewewwwwwwbwwwwwww",
23         "wwwwwbwbbbbbbbbbwwwwwwwwwww",
24         "wwwwwbwbwwwwwwwbwwwwwwwwwww",
25         "wwwwwbwbwbbbbbwbwwwwwwwwwww",
26         "eeeeeebeebwbegebwbeebeeeeee",
27         "wwwwwbwwbwbbbbbwbwwwwwwwwww",
28         "wwwwwbwbwwwwwwwbwwwwwwwwwww",
29         "wwwwwbwbbbbbbbbbbwwwwwwwwww",
30         "wwwwwbwewwwwwwewwbwwwwwwwww",
31         "wwwwwbwewwwwwwewwbwwwwwwwww",
32         "wbbbbbbbbbbbbwbbbbbbbbbbbbw",
33         "wbwwwwwwwwbwbwwwwwwwwwwwbw",
34         "wbwwwwwwwwbwbwwwwwwwwwwwbw",
35         "wbbbwbbbbbbpbbbbbbwbbbbw",
36         "wwwbwbwwbwwwwwbwwbwwwbwwww",
37         "wwwbwbwwbwwwwwbwwbwwwbwwww",
38         "wbbbbbbwbbbbwbbbbwbbbbbbw",
39         "wbwwwwwwwwbwbwwwwwwwwwwbw",
40         "wbwwwwwwwwbwbwwwwwwwwwwbw",
41         "wbbbbbbbbbbbbbbbbbbbbbbbbw",
42         "wwwwwwwwwwwwwwwwwwwwwwwwww"
43    };
44
45    void startup()  //  初始化函数
46    {
47         int windowWidth = COLNUM * blockLength; // 屏幕宽度
48         int windowHEIGHT = ROWNUM * blockLength; // 屏幕高度
49         initgraph(windowWidth, windowHEIGHT);    // 新开窗口
50         setbkcolor(BLACK);    // 设置背景颜色
51         cleardevice();    // 以背景颜色清空画面
52         BeginBatchDraw(); // 开始批量绘制
53    }
54
55    void show()  // 绘制函数
56    {
57         cleardevice(); // 以背景颜色清空画面
58
59         for (int i = 0; i < ROWNUM; i++)
60         {
61              for (int j = 0; j < COLNUM; j++)
```

```
62              {
63                  if (maze[i][j] == 'w') // 墙
64                  {
65                      setlinecolor(RGB(255, 200, 150));  // 设置线条颜色
66                      setfillcolor(RGB(178, 34, 3));   // 设置填充颜色
67                      // 画一个暗红色方块
68                      fillrectangle(j * blockLength, i * blockLength, (j +
    1) * blockLength, (i + 1) * blockLength);
69                  }
70                  else if (maze[i][j] == 'b') // 豆子
71                  {
72                      setlinecolor(YELLOW);   // 设置线条颜色
73                      setfillcolor(YELLOW);   // 设置填充颜色
74                      // 画一个黄色小圆圈
75                      fillcircle((j + 0.5) * blockLength, (i + 0.5) *
    blockLength, 0.05 * blockLength);
76                  }
77              }
78          }
79
80      FlushBatchDraw(); // 批量绘制
81      Sleep(20); // 暂停若干毫秒
82  }
83
84  int main()
85  {
86      startup();  // 初始化函数
87      while (1)       // 一直循环
88      {
89          show();  // 显示
90      }
91      return 0;
92  }
```

10.1.2　玩家对吃豆人的控制

本节讲解如何在吃豆人游戏中实现玩家对吃豆人的控制，完整代码参见配套资源中的10-1-2.cpp，扫描右侧二维码观看视频效果"10.1.2 玩家对吃豆人的控制"。下面对10-1-2.cpp中的一些关键内容进行讲解。

定义结构体Block，用于存储地图中方格对应的行、列序号，以及地图元素等信息，代码如下。

10.1.2 玩家对吃豆人的控制

10-1-2.cpp

```
48  struct Block
49  {
50      int i, j; // 方格在地图中的行、列序号
51      char blockType; // 对应maze中相应地图元素的字符
52  };
```

定义结构体变量plyaer存储玩家位置，结构体二维数组map[ROWNUM]
[COLNUM]存储所有地图节点，代码如下。

10-1-2.cpp

```
54    Block player; // 存储玩家位置
55    Block map[ROWNUM][COLNUM]; // 存储所有地图节点
```

添加update()函数，当用户输入 'a'、's'、'd'、'w'键时，控制吃豆人向左、下、
右、上方向移动，碰到豆子后豆子消失，代码如下。

10-1-2.cpp

```
116   void update() // 更新函数
117   {
118       if (_kbhit()) // 当按键时，更改player位置
119       {
120           int target_i, target_j; // player要移动到的目标位置
121           target_i = player.i;
122           target_j = player.j;
123
124           char input = _getch(); // 获取按键
125           if (input == 'd')   // 按下d键 吃豆人向右
126               target_j++;
127           else if (input == 'a')// 按下a键 吃豆人向左
128               target_j--;
129           else if (input == 'w')  // 按下w键 吃豆人向上
130               target_i--;
131           else if (input == 's')  // 按下s键 吃豆人向下
132               target_i++;
133
134           if (maze[target_i][target_j] == 'w') // 如果目标位置是墙，不能
      移动，返回
135               return;
136           else if (target_i == 13 && target_j == 27) // 第14行的两端位置
      可以穿越
137               target_j = 0;
138           else if (target_i == 13 && target_j == -1) // 第14行的两端位置
      可以穿越
139               target_j = 26;
140
141           if (maze[target_i][target_j] == 'b') // 目标位置上是豆子
142           {
143               maze[target_i][target_j] = 'e'; // 地图对应位置变成空白
144           }
145
146           // 把移动的目标位置赋回给player，玩家移动
147           player.i = target_i;
148           player.j = target_j;
149       }
150   }
```

导入吃豆人图片"pacman.png"，在show()函数中显示对应的图像，代码如下。

10-1-2.cpp

```
45    IMAGE imPackman; // 吃豆人的图片
61    // 导入吃豆人的图片
62    loadimage(&imPackman, _T("pacman.png"));
109   // 显示玩家对应图像
110   putimagePng((player.j + 0.15) * blockLength, (player.i + 0.15) *
      blockLength, &imPackman);
```

10-1-2.cpp的运行效果如图10-3所示。

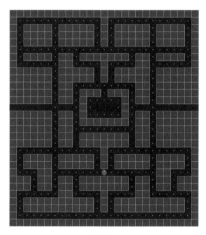

图 10-3

10.1.3　图片切换与动画效果

本章配套资源中提供了8张图片，如图10-4所示，表示吃豆人朝上、下、左、右四个方向移动时的效果，且每个方向的嘴巴有开、闭两种状态。

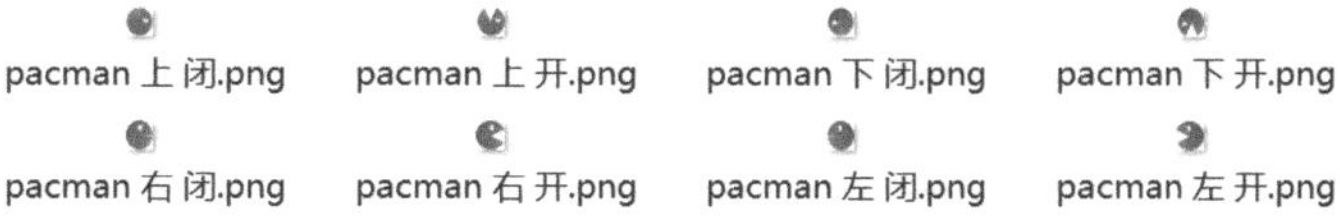

pacman 上闭.png　　pacman 上开.png　　pacman 下闭.png　　pacman 下开.png

pacman 右闭.png　　pacman 右开.png　　pacman 左闭.png　　pacman 左开.png

图 10-4

利用这些图片，本节讲解如何实现吃豆人的图片切换与动画效果，完整代码参见配套资源中的10-1-3.cpp，扫描右侧二维码观看视频效果"10.1.3 图片切换与动画效果"。下面对10-1-3.cpp中的一些关键内容进行讲解。

10.1.3 图片切换与动画效果

定义二维数组imPackmans[4][2]存储8张吃豆人的图片，整型变量packmanDirection记录吃豆人的朝向，imAnimId记录嘴巴状态，代码如下。

10-1-3.cpp

```
45    // 吃豆人的图片。注意吃豆人有4个朝向，每个朝向有开、闭两个状态
46    IMAGE imPackmans [4][2];
47    int packmanDirection; // 吃豆人的方向，0表示向上，1表示向下，2表示向左，
      3表示向右
48    int imAnimId; // 要显示的吃豆人图片嘴巴状态，0表示开，1表示闭
```

为了便于处理，将update()分成与输入有关的更新函数updateWithInput()、与输入无关的更新函数updateWithoutInput()。在updateWithInput()中添加代码，根据键盘输入设定吃豆人的朝向编号packmanDirection，代码如下。

10-1-3.cpp

```
134   void updateWithInput() // 和输入有关的更新
135   {
136       if (_kbhit()) // 当按键时，更改player位置
137       {
138           int target_i, target_j; // player要移动到的目标位置
139           target_i = player.i;
140           target_j = player.j;
141
142           char input = _getch(); // 获取按键
143           if (input == 'd')  // 按下d键
144           {
145               packmanDirection = 3; // 吃豆人的方向，3表示向右
146               target_j++;
147           }
148           else if (input == 'a')// 按下a键
149           {
150               packmanDirection = 2; // 吃豆人的方向，2表示向左
151               target_j--;
152           }
153           else if (input == 'w')  // 按下w键
154           {
155               packmanDirection = 0; // 吃豆人的方向，0表示向上
156               target_i--;
157           }
158           else if (input == 's')  // 按下s键
159           {
160               packmanDirection = 1; // 吃豆人的方向，1表示向下
161               target_i++;
162           }
179       }
180   }
```

在updateWithoutInput()中添加代码，自动切换吃豆人嘴巴开、闭的序号imAnimId，代码如下。

10-1-3.cpp

129	void updateWithoutInput() // 和输入无关的更新
130	{
131	imAnimId = 1 - imAnimId; // 吃豆人开、闭动画切换
132	}

在show()函数中绘制对应的吃豆人图片imPackmans[packmanDirection][imAnimId]，代码如下。

10-1-3.cpp

122	// 显示玩家对应的图像，共四个方向，开、闭两种状态
123	putimagePng((player.j + 0.15) * blockLength, (player.i + 0.15) * blockLength, &imPackmans[packmanDirection][imAnimId]);

10.1.4　幽灵随机移动

10.1.4 幽灵随机移动

本节讲解如何在游戏中添加幽灵（如图10-5所示），并实现幽灵的随机移动，完整代码参见配套资源中的10-1-4.cpp，扫描右侧二维码观看视频效果"10.1.4 幽灵随机移动"。

添加幽灵位置节点ghost，在show()函数中显示对应的图片（图10-5）。

图 10-5

在updateWithoutInput()函数中，利用随机整数d设定幽灵朝随机方向移动。为了防止幽灵移动速度过快，利用逐渐增加的静态成员变量count，当updateWithoutInput()执行5次时，才让幽灵随机移动一次，代码如下。

10-1-4.cpp

138	void updateWithoutInput() // 和输入无关的更新
139	{
140	imAnimId = 1 - imAnimId; // 吃豆人开、闭动画切换
141	
142	// 当前函数每执行5次，幽灵随机移动一次，避免幽灵移动过快
143	static int count = 0; // 计数变量
144	if (count == 5)
145	{
146	count = 0; // 计数变量归0
147	
148	int d = rand() % 4; // 幽灵随机移动方向
149	int moving_i, moving_j; // 幽灵要移动到的目标位置
150	moving_i = ghost.i;
151	moving_j = ghost.j;
152	

```
153            if (d == 0)  // 向右
154                moving_j++;
155            else if (d == 1) // 向左
156                moving_j--;
157            else if (d == 2)  // 向上
158                moving_i--;
159            else if (d == 3)  // 向下
160                moving_i++;
161
162            if (maze[moving_i][moving_j] == 'w') // 如果目标位置是墙，不能
       移动，返回
163                return;
164            else if (moving_i == 13 && moving_j == 27) // 第14行的两端位
       置，可以穿越
165                moving_j = 0;
166            else if (moving_i == 13 && moving_j == -1) // 第14行的两端位
       置，可以穿越
167                moving_j = 26;
168
169            // 再把可以移动的目标位置赋回给ghost
170            ghost.i = moving_i;
171            ghost.j = moving_j;
172        }
173        else
174            count++; // 计数变量加1
175    }
```

为了让幽灵的运动更有连续性，读者可以设定让幽灵保持移动方向不变，直到碰到墙壁时才随机改变移动方向。

10.1.5 胜负判断

添加代码，当幽灵碰到玩家时，游戏失败；当所有豆子都吃完时，游戏胜利，如图10-6所示。完整代码参见配套资源中的10-1-5.cpp。

图 10-6

10.2　迪杰斯特拉算法

为了能让幽灵自动追踪玩家，我们学习加权图上的最短路径算法。最短路径算法有3种：迪杰斯特拉（Dijkstra）算法、贪婪最佳优先搜索算法和A*算法。本节首先学习迪杰斯特拉算法。

对于图10-7的加权图，希望找到从起点S到目标G的最短路径。

首先初始化每个节点到起点的距离代价，S的距离代价为0，其他节点的距离代价为正无穷，如图10-8所示。

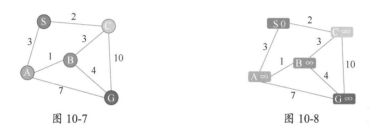

图 10-7　　　　　　　　　　　　　　　　　　图 10-8

定义OPEN表存放待处理的节点，CLOSE表存放已处理过的节点。首先将S加入OPEN表，CLOSE表为空，如图10-9所示。

处理OPEN表中的第一个节点，如果是目标节点，运行结束；否则，处理和它相邻且不在CLOSE表中的节点。此时队列第一个节点为S，考虑S的相邻节点A、C。

对于A而言，其目前的距离代价大于S的距离代价加上边SA的权值，因此更新A的代价为0+3=3。同样，对于C节点，其目前的距离代价大于S的距离代价加上边SC的权值，因此更新C的代价为0+2=2。如图10-10所示。

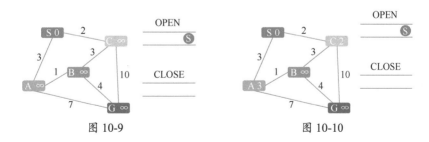

图 10-9　　　　　　　　　　　　　　　　　　图 10-10

将和S相邻，且不在OPEN表、CLOSE表中的节点A、C加入OPEN表，作为待处理的节点。注意添加的节点按距离代价从小到大排序，如图10-11所示。

将S节点从OPEN表移到CLOSE表，设为已处理过的节点。如图10-12所示。

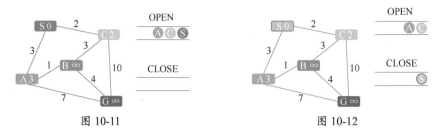

图 10-11　　　　　　　　　　　图 10-12

继续处理OPEN表中第一个节点，即距离代价最小的节点C。更新和C相邻且不在CLOSE表中的节点B、G的距离代价。由于B的距离代价大于C的距离代价加上边BC的权值，更新B的距离代价为2+3=5。同样，更新G的距离代价为2+10=12，如图10-13所示。

把和C相邻，且不在OPEN表、CLOSE表中的节点B、G加入OPEN表，作为待处理的节点，如图10-14所示。

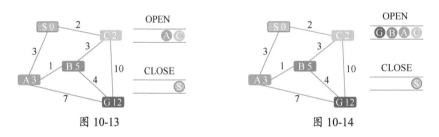

图 10-13　　　　　　　　　　　图 10-14

将C节点从OPEN表移到CLOSE表，设为已处理过的节点。可以看出，CLOSE表中节点的距离代价，就是其到起点S的最短路径的长度，如图10-15所示。

继续处理OPEN表中第一个节点，即距离代价最小的节点A。更新和A相邻且不在CLOSE表中的节点B、G的距离代价。由于B的距离代价大于A的距离代价加上边AB的权值，更新B的距离代价为3+1=4。同样，更新G的距离代价为3+7=10，如图10-16所示。

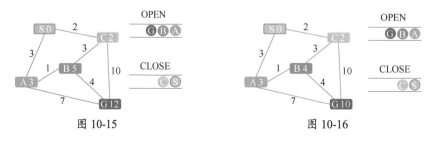

图 10-15　　　　　　　　　　　图 10-16

此时不存在和A相邻，且不在OPEN表、CLOSE表中的节点。将A节点从OPEN表移到CLOSE表，设为已处理过的节点，如图10-17所示。

继续处理OPEN表中第一个节点，即距离代价最小的节点B。更新和B相邻且不在CLOSE表中的节点G的距离代价。由于G的距离代价大于B的距离代价加上边BG的权值，更新G的距离代价为4+4=8，如图10-18所示。

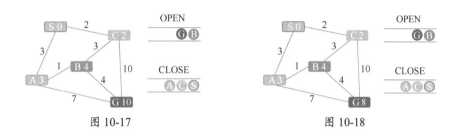

图 10-17   图 10-18

此时不存在和B相邻，且不在OPEN表、CLOSE表中的节点。将B节点从OPEN表移到CLOSE表，设为已处理过的节点，如图10-19所示。

继续处理OPEN表中第一个节点，节点G是目标节点，算法结束，节点G的距离代价即为从S到G的最短路径的长度。通过记录为每一个节点计算距离代价的前置节点，可以得到从S到G的最短路径，如图10-20中的红色路径所示。

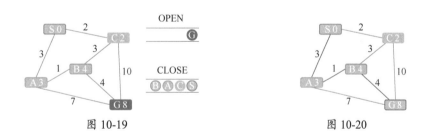

图 10-19   图 10-20

对于任意两个相连的节点m、n，设定$d(m, n)$为边对应的权值；对于任意节点n，设定$g(n)$存储从n到起点s的距离代价。迪杰斯特拉算法的伪代码如下。

```
1    设定起点的距离代价g(s) = 0，其他节点到起点的距离代价g()为无穷大
2    将起点s放入OPEN表，CLOSE表为空
3    while OPEN表不为空
4        取OPEN表中距离代价g()最小的节点c
5        if c是目标节点
6            return
7        else
8            遍历所有和c相邻且不在CLOSE表中的节点n
9                if g(n) > g(c) + d(n,c)
```

```
10                    g(n) = g(c) + d(n,c)
11                    设定节点n的上一个节点为c
12               if n不在OPEN表中
13                    将n加入OPEN表
14          从OPEN表中删除节点c，将c加入CLOSE表
```

　　上方伪代码中第4行优先处理代价最小的节点，相比于固定处理节点顺序的广度优先搜索和深度优先搜索，这样做更加合理；第9、10行更新距离代价的方法，与第9章"连连看"中更新最少拐弯次数的思想如出一辙。

10.3　贪婪最佳优先搜索算法与 A* 算法

　　迪杰斯特拉算法会从离起点较近的节点开始，按顺序求出各个节点到起点的最短路径。这种方法会把距离目标节点较远的节点也考虑进来，浪费计算时间。

　　比如计算如图10-21中从s到t的最短路径。迪杰斯特拉算法的搜索结果如图10-22所示，红色折线为从s到t的最短路径，黄色方格为搜索结束时OPEN表中的节点，暗黄色方格为CLOSE表中的节点，方格中的数字为从该节点到s的最短路径长度。可以看出，地图的左上角、左下角、右上角有大量距离目标节点较远的节点都参与了计算。

图 10-21

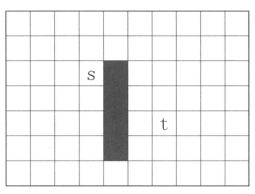

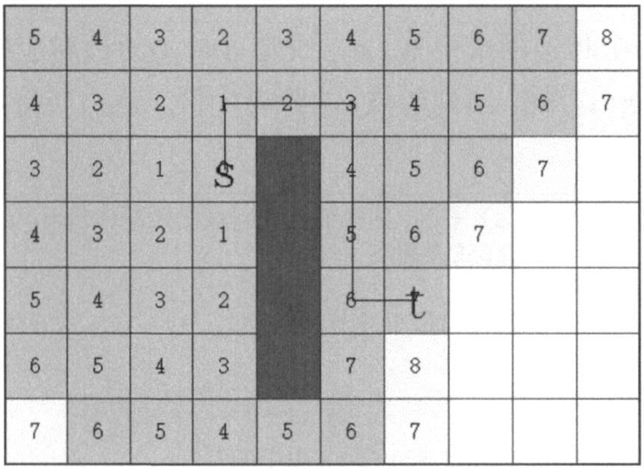

图 10-22

为了提高搜索效率，可以采用启发式的贪婪最佳优先搜索（Greedy Best First Search，GBFS）算法，即对于OPEN表中的节点，每次优先处理距离目标节点较近的节点。修改迪杰斯特拉算法的伪代码，GBFS算法的伪代码如下。

```
1    根据每个节点m到目标节点的距离评估函数，计算估值函数的值h(m)
2    设定起点的距离代价g(s) = 0，其他节点到起点的距离代价g()为无穷大
3    将起点s放入OPEN表中，CLOSE表为空
4    while OPEN表不为空
5        取OPEN表中估值函数h()最小的节点c
6        if c是目标节点
7            return
8        else
9            遍历所有和c相邻且不在CLOSE表中的节点n
10               if g(n) > g(c) + d(n,c)
11                   g(n) = g(c) + d(n,c)
12                   设定节点n的上一个节点为c
13               if n不在OPEN表中
14                   将n加入OPEN表
15           从OPEN表中删除节点c，将c加入CLOSE表
```

对于地图中的两个节点(x1, y1)、(x2, y2)，可以采用多种距离评估函数，比如常用的曼哈顿距离：

```
1    d=abs(x1-x2)+abs(y1-y2)
```

GBFS算法每次优先处理距离目标较近的节点。相比迪杰斯特拉算法，GBFS算法需要处理的节点较少，如图10-23所示，算法效率显著提升。然而，GBFS算法不能保证找到s和t之间的最短路径。

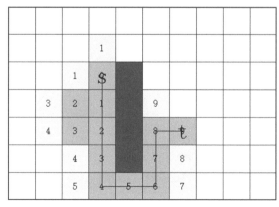

图 10-23

为了兼顾迪杰斯特拉算法和GBFS算法的优点，可以采用A*算法，其算

法的伪代码如下。

1	根据每个节点m到目标节点的距离评估函数，计算估值函数的值h(m)
2	设定起点的距离代价g(s) = 0，其他节点到起点的距离代价g()为无穷大
3	将起点s放入OPEN表中，CLOSE表为空
4	while OPEN表不为空
5	取OPEN表中g()+h()最小的节点c
6	if c是目标节点
7	return
8	else
9	遍历所有和c相邻且不在CLOSE表中的节点n
10	if g(n) > g(c) + d(n,c)
11	g(n) = g(c) + d(n,c)
12	设定节点n的上一个节点为c
13	if n不在OPEN表中
14	将n加入OPEN表
15	从OPEN表中删除节点c，将c加入CLOSE表

对于OPEN表中的节点n，同时考虑当前节点到起点的距离代价g(n)、当前节点到目标节点的估计距离h(n)，A*算法每次优先处理总代价g(n)+h(n)最小的节点。如果估计距离h(n)不超过从n到目标节点最短路径的长度，则A*算法可以保证找到最短路径，如图10-24所示。

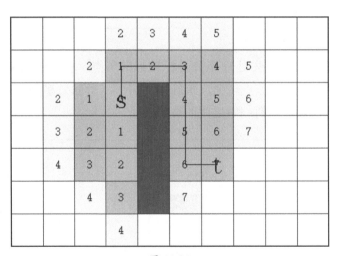

图 10-24

为了找到从起点s到终点t之间的最短路径，假设当前处理的节点为c，如图10-25所示，迪杰斯特拉算法优先处理到起点距离g(c)最小的节点，贪婪最佳优先搜索算法优先处理到终点距离估计h(c)最小的节点。g(c) + h(c)可以更好地估计从起点s到终点t的完整路径代价，因此A*算法的求解策略更加合理。

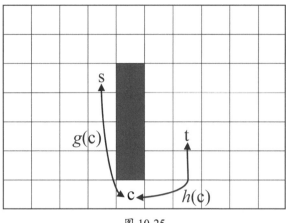

图 10-25

10.4 三种算法的实现与对比

为了比较三种算法，尝试在图10-26中找到从s到t的最短路径。

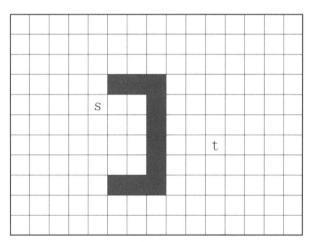

图 10-26

首先，在10-1-5.cpp的基础上，为小方格结构体添加成员变量，代码如下。

10-4.cpp

```
28  struct Block
29  {
30      int i, j; // 方格在地图中的行、列序号
31      char blockType; // 对应maze中相应地图元素的字符
32      int isChecked; // 0 表示没有被处理，1表示添加到了OPEN表中，2表示添加
    到了CLOSE表中
```

```
33        int dist; // 记录当前位置到起点的距离
34        int dist2target; // 记录当前位置到终点的启发式距离
35        Block* prev; // 记录前一个节点的地址，用于后面绘制出最终的路径
36    };
```

定义函数 graphSearch()，实现图上的搜索算法，其中 OPEN 表的定义如下。

10-4.cpp

```
175   vector <Block> OPEN; // 记录待处理的节点
```

在搜索算法中，利用 sort(OPEN.begin(), OPEN.end(), comp) 对 OPEN 表中的节点进行从小到大排序，每次选第一个节点 OPEN[0] 进行处理。

comp() 函数定义了如何比较两个结构体变量的大小，从而对结构体向量 OPEN 进行排序。使用不同的比较函数，就对应了加权图上不同的搜索算法。

迪杰斯特拉算法的比较函数如下。

10-4.cpp

```
39    bool comp(const struct Block& a, const struct Block& b)
40    {
41        // 迪杰斯特拉算法，根据dist成员变量进行排序
42        return a.dist < b.dist;
43    }
```

迪杰斯特拉算法可以求出从 s 到 t 的最短路径，但需要搜索的节点较多，运行速度较慢，如图 10-27 所示。

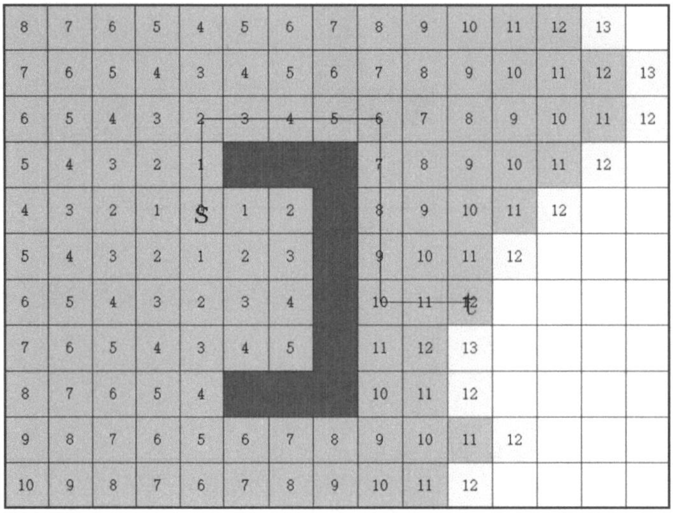

图 10-27

GBFS算法的比较函数如下。

10-4.cpp

```
39    bool comp(const struct Block& a, const struct Block& b)
40    {
44        // 贪婪最佳优先搜索算法,根据dist2target成员变量进行排序
45        return a.dist2target < b.dist2target;
46    }
```

GBFS算法需要搜索的节点少,运行速度快,但不一定能找到从s到t的最短路径,如图10-28所示。

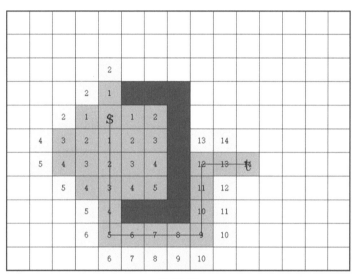

图 10-28

A*算法的比较函数如下。

10-4.cpp

```
39    bool comp(const struct Block& a, const struct Block& b)
40    {
47        // A*算法,把dist、dist2target两个因素合起来考虑,进行排序
48        return a.dist + a.dist2target < b.dist + b.dist2target;
49    }
```

和GBFS算法相比,A*算法可以找到从s到t的最短路径;和迪杰斯特拉算法相比,A*算法搜索节点较少,运行速度较快,如图10-29所示。

三种算法的实现代码参见10-4.cpp,扫描右侧二维码观看视频效果"10.4 三种算法的实现与对比"。

10.4 三种算法的实现与对比

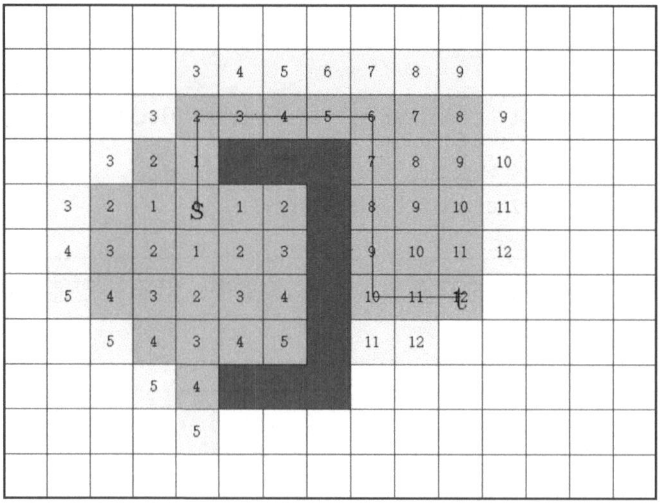

图 10-29

10-4.cpp

```
1    #include <graphics.h>
2    #include <conio.h>
3    #include <vector>
4    #include <algorithm>
5    using namespace std;
6
7    // 迷宫的行、列数
8    # define ROWNUM 11
9    # define COLNUM 15
10   const int blockLength = 50; // 正方形小方格的边长
11   // 用字符型二维数组存储地图数据（注意字符串结束符要占一列）
12   // e: empty    w: wall    s: source    t: target
13   char maze[ROWNUM][COLNUM + 1] = {
14   "eeeeeeeeeeeeeee",
15   "eeeeeeeeeeeeeee",
16   "eeeeeeeeeeeeeee",
17   "eeeeewwweeeeeee",
18   "eeeseeweeeeeeee",
19   "eeeeeeeweeeeeee",
20   "eeeeeeeweeteeee",
21   "eeeeeeeweeeeeee",
22   "eeeeewwweeeeeee",
23   "eeeeeeeeeeeeeee",
24   "eeeeeeeeeeeeeee"
25   };
26
27   // 定义结构体，存储方格对应的行、列序号，以及是否被检索过等信息
28   struct Block
29   {
```

```
30          int i, j; // 方格在地图中的行、列序号
31          char blockType; // 对应maze中相应地图元素的字符
32          int isChecked; // 0表示没有被处理，1表示添加到了OPEN表中，2表示添
    加到了CLOSE表中
33          int dist; // 记录当前位置到起点的距离
34          int dist2target; // 记录当前位置到终点的启发式距离
35          Block* prev; // 记录前一个节点的地址，用于后面绘制出最终路径
36      };
37
38      // 定义比较函数，后面用于对Block结构体向量进行排序
39      bool comp(const struct Block& a, const struct Block& b)
40      {
41          // 迪杰斯特拉算法，根据dist成员变量进行排序
42          //return a.dist < b.dist;
43
44          // 贪婪最佳优先搜索算法，根据dist2target成员变量进行排序
45          //return a.dist2target < b.dist2target;
46
47          // A*算法，把dist、dist2target两个因素合起来考虑，进行排序
48          return a.dist + a.dist2target < b.dist + b.dist2target;
49      }
50
51
52      // 存储起始位置、目标位置、当前搜索位置对应的节点
53      Block source, target, current;
54      Block map[ROWNUM][COLNUM]; // 存储所有地图节点
55
56      void startup()  //  初始化函数
57      {
58          for (int i = 0; i < ROWNUM; i++)
59          {
60              for (int j = 0; j < COLNUM; j++)
61              {
62                  if (maze[i][j] == 's') // 迷宫的起始位置
63                  {
64                      source.i = current.i = i;
65                      source.j = current.j = j;
66                  }
67                  else if (maze[i][j] == 't') // 迷宫的目标位置
68                  {
69                      target.i = i;
70                      target.j = j;
71                  }
72              }
73          }
74
75          for (int i = 0; i < ROWNUM; i++)
76          {
77              for (int j = 0; j < COLNUM; j++)
78              {
```

```
79                      // 记录到终点的启发式距离，只需计算一次
80                      map[i][j].dist2target = abs(i - target.i) + abs(j - target.j);
81               }
82          }
83
84          int windowWidth = COLNUM * blockLength; // 屏幕宽度
85          int windowHEIGHT = ROWNUM * blockLength; // 屏幕高度
86          initgraph(windowWidth, windowHEIGHT);   // 新开窗口
87          setbkcolor(RGB(100, 100, 100));   // 设置背景颜色
88          cleardevice();      // 以背景颜色清空画面
89          BeginBatchDraw();   // 开始批量绘制
90          setbkmode(TRANSPARENT); // 文字字体透明
91      }
92
93      void show()  // 绘制函数
94      {
95          cleardevice(); // 以背景颜色清空画面
96
97          for (int i = 0; i < ROWNUM; i++)
98          {
99               for (int j = 0; j < COLNUM; j++)
100              {
101                   if (maze[i][j] != 'w') // 非墙方块
102                   {
103                        setlinecolor(RGB(50, 50, 50));   // 设置线条颜色为灰色
104                        if (map[i][j].isChecked == 0) // 还没有检索过的节点
105                            setfillcolor(RGB(255, 255, 255));   // 设置填充颜
     色为白色
106                        else if (map[i][j].isChecked == 1) // OPEN表中待被检索
     的节点
107                            setfillcolor(RGB(255, 255, 0));   // 设置填充颜色
     为黄色
108                        else if (map[i][j].isChecked == 2) // 已加入CLOSE表的
     节点
109                            setfillcolor(RGB(200, 200, 0));   // 设置填充颜色
     为暗黄色
110                        // 画一个方块
111                        fillrectangle(j * blockLength, i * blockLength, (j +
     1) * blockLength, (i + 1) * blockLength);
112
113                        if (map[i][j].isChecked != 0) // 已被处理的方块，显示
     相应数值
114                        {
115                             // 方块上显示对应的dist值
116                             settextstyle(0.35 * blockLength, 0, _T("宋体"));
     // 设置文字大小、字体
117                             // 文字显示区域
118                             RECT r = { j * blockLength, i * blockLength, (j +
     1) * blockLength, (i + 1) * blockLength };
119                             TCHAR s[20]; // 定义字符串数组
```

```
120                        swprintf_s(s,_T("%d"), map[i][j].dist); // 将数字
        转换为字符串
121                        settextcolor(BLUE); // 设定文字颜色
122                        // 在区域内显示数字文字，水平居中、竖直居中
123                        drawtext(s, &r, DT_CENTER | DT_VCENTER | DT_
        SINGLELINE);
124                    }
125                }
126            }
127        }
128
129        // 显示从当前current节点，到起始位置的路径线条
130        setlinecolor(RED); // 线条为红色
131        Block tempBlock = current;
132        // 从当前位置，通过prev向前查找，一直找到起始位置
133        while (tempBlock.prev != NULL)
134        {
135            int x1 = (tempBlock.j + 0.5) * blockLength;
136            int y1 = (tempBlock.i + 0.5) * blockLength;
137            int x2 = (tempBlock.prev->j + 0.5) * blockLength;
138            int y2 = (tempBlock.prev->i + 0.5) * blockLength;
139            line(x1, y1, x2, y2); // 画线
140            tempBlock = *(tempBlock.prev);
141        }
142
143        // 以下显示起始节点s、目标节点t的文字信息
144        settextstyle(0.8 * blockLength, 0, _T("宋体")); // 设置文字大小、字体
145        // 文字显示区域
146        RECT r1 = { source.j * blockLength, source.i * blockLength, (source.
        j + 1) * blockLength, (source.i + 1) * blockLength };
147        settextcolor(BLUE); // 设定文字颜色
148        drawtext(_T("s"), &r1, DT_CENTER | DT_VCENTER | DT_SINGLELINE);
149        // 文字显示区域
150        RECT r2 = { target.j * blockLength, target.i * blockLength, (target.
        j + 1) * blockLength, (target.i + 1) * blockLength };
151        settextcolor(RED); // 设定文字颜色
152        drawtext(_T("t"), &r2, DT_CENTER | DT_VCENTER | DT_SINGLELINE);
153
154        FlushBatchDraw(); // 批量绘制
155        Sleep(100); // 暂停
156    }
157
158    // 图搜索算法搜索source和target之间的最短路径
159    void graphSearch()
160    {
161        // 初始化所有的节点，起初都没有被检索过
162        for (int i = 0; i < ROWNUM; i++)
163        {
164            for (int j = 0; j < COLNUM; j++)
165            {
```

```
166                    map[i][j].i = i; // 行、列序号
167                    map[i][j].j = j;
168                    map[i][j].blockType = maze[i][j]; // 方格种类
169                    map[i][j].isChecked = 0; // 这个节点没有被处理
170                    map[i][j].dist = 9999; // 起初到起点的距离设为很大
171                    map[i][j].prev = NULL;  // 起初没有上一个节点
172                }
173        }
174
175        vector <Block> OPEN; // OPEN表，记录待处理的节点
176        vector <Block> CLOSE; // CLOSE表，记录已经处理过的节点
177        map[source.i][source.j].dist = 0; // 起始位置到自身的距离为0
178        map[source.i][source.j].isChecked = 1; // 起始位置节点状态设为加入
     OPEN表
179        OPEN.push_back(map[source.i][source.j]); // 起始位置节点加入到OPEN
     向量中
180
181        while (OPEN.size() > 0) // 当OPEN表非空时，一直循环
182        {
183            // 对OPEN表按comp函数中的方法进行从小到大排序
184            sort(OPEN.begin(), OPEN.end(), comp);
185            current = OPEN[0]; // 取OPEN表中的第一个元素，设为当前节点的位置
186            show(); // 绘制出当前状态
187            if (current.i == target.i && current.j == target.j) // 如果已
     到目标位置
188            {
189                map[target.i][target.j].isChecked = 2; // 加入CLOSE表
190                show(); // 绘制出当前状态
191                return; // 返回
192            }
193            else // 如果还没有到目标位置
194            {
195                // 沿着上、下、左、右四个方向搜索，对行、列序号更改的数值
196                int directions[4][2] = { {-1,0},{1,0},{0,-1},{0,1} };
197                for (int d = 0; d < 4; d++) // 一共循环四次，每次朝着一个
     方向搜索
198                {
199                    int next_i, next_j; // 下面要搜索的位置
200                    // 修改行、列序号，朝着某一方向搜索
201                    next_i = current.i + directions[d][0];
202                    next_j = current.j + directions[d][1];
203
204                    // 当行、列序号没有超出范围时
205                    if ((d == 0 && next_i >= 0)            // 向左搜索不越界
206                        || (d == 1 && next_i <= ROWNUM - 1) // 向右搜索不越界
207                        || (d == 2 && next_j >= 0)          // 向上搜索不越界
208                        || (d == 3 && next_j <= COLNUM - 1)) // 向下搜索不越界
209                    {
210                        // 这个方向为墙的话，跳出这个方向上的搜索
211                        if (maze[next_i][next_j] == 'w')
```

```
212                              continue;
213                              // 如果经过current到next的路径更短的话，更新next节
      点的权重值
214                              if (map[next_i][next_j].dist > map[current.i]
      [current.j].dist + 1)
215                              {
216                                  map[next_i][next_j].dist = map[current.i]
      [current.j].dist + 1;
217                                  map[next_i][next_j].prev = &map[current.i]
      [current.j];
218                              }
219                              // 如果next节点还没有处理
220                              if (map[next_i][next_j].isChecked == 0)
221                              {
222                                  map[next_i][next_j].isChecked = 1; // 添加到
      OPEN表中待检索
223                                  OPEN.push_back(map[next_i][next_j]);
224                              }
225                          }
226                      }
227
228                      // 删除OPEN表中第一个节点，即当前已处理的节点
229                      OPEN.erase(OPEN.begin());
230                      // 把当前节点加入CLOSE表
231                      map[current.i][current.j].isChecked = 2;
232                      CLOSE.push_back(map[current.i][current.j]);
233                  }
234              show(); // 绘制出当前状态
235          }
236      }
237
238      int main()
239      {
240          startup();  //  初始化函数
241          graphSearch(); // 图搜索算法搜索source和target之间的最短路径
242          _getch();
243          return 0;
244      }
```

10.5   幽灵自动追踪

　　将10-4.cpp和10-1-5.cpp结合，就可以完善吃豆人游戏，实现幽灵的自动追踪。添加变量showPath，按空格切换是否显示幽灵的追踪路径线。完整代码参见配套资源中的10-5.cpp，运行效果如图10-30所示，扫描右侧二维码观看视频效果"10.5 幽灵自动追踪"。

10.5 幽灵自动
追踪

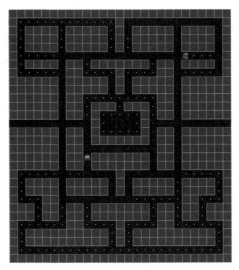

图 10-30

10.6　小结

本章主要讲解了吃豆人游戏的实现，以及利用加权图上的迪杰斯特拉算法、贪婪最佳优先搜索算法、A*算法实现游戏中幽灵的自动追踪。

原版吃豆人游戏中有4个幽灵：红色幽灵类似本章实现的效果，会一直追逐吃豆人；粉色幽灵在迷宫中逆时针移动，预测吃豆人的轨迹进行伏击；橙色幽灵速度较慢；青色幽灵随机性较强，会和红色幽灵合作包围吃豆人。读者可以尝试实现另外3个幽灵的不同追踪算法，进一步提升游戏的可玩性。

第11章 滑动拼图

在本章中，我们将实现滑动拼图游戏。如图11-1所示，在3行3列的画面上有8个图片方块、1个空白区域，玩家通过鼠标控制图片方块滑动到空白区域，将所有图片方块移动到正确的位置上，拼成一个完整的图像。

图 11-1

我们首先实现图形显示、鼠标交互的滑动拼图游戏，然后学习状态空间上的广度优先搜索算法、深度优先搜索算法、A*算法，并应用于滑动拼图游戏的自动求解。

11.1 实现滑动拼图游戏

11.1.1 数据结构和画面显示

定义数组，存储所有的拼图图片素材，如图11-2所示，其中A0.png是空白图片，A1.png到A8.png为彩色图片文件。

11-1-1.cpp

```
8    IMAGE imBlocks[ROWNUM * COLNUM];  // 所有拼图图片
```

A0.png A1.png A2.png A3.png A4.png A5.png A6.png A7.png A8.png

图 11-2

定义二维数组，记录游戏画面中所有小方块的图片序号，即从 0 到 8 的整数，代码如下。

11-1-1.cpp

```
11   int grid[ROWNUM][COLNUM];
```

在 startup() 函数中，导入所有的图片文件，二维数组元素 grid[i][j] = i * COLNUM + j。在 show() 函数中，依次绘制 grid[i][j] 对应序号的方块图片。完整代码参见 11-1-1.cpp，运行效果如图 11-3 所示。

图 11-3

11-1-1.cpp

```
1    #include <graphics.h>
2    #include "EasyXPng.h"
3
4    // 滑动拼图游戏的行、列数
5    # define ROWNUM 3
6    # define COLNUM 3
7    const int blockLength = 200; // 一格小正方形的边长
8    IMAGE imBlocks[ROWNUM * COLNUM]; // 所有拼图图片
9
10   // 二维数组，记录游戏画面中所有小方块的图片序号
11   int grid[ROWNUM][COLNUM];
12
13   void startup()  // 初始化函数
14   {
15       // 导入所有拼图图片：1张空白图片、8张有图案的图片
16       for (int i = 0; i < 9; i++)
17       {
18           TCHAR filename[50]; // 定义字符串数组
19           swprintf_s(filename, _T("A%d.png"), i);
20           loadimage(&imBlocks[i], filename);
```

```
21          }
22
23          int windowWidth = COLNUM * blockLength; // 屏幕宽度
24          int windowHEIGHT = ROWNUM * blockLength; // 屏幕高度
25          initgraph(windowWidth, windowHEIGHT);    // 新开窗口
26          setlinestyle(PS_SOLID, 3); // 设置线条样式，实线、线宽
27          setbkmode(TRANSPARENT); // 文字字体透明
28          BeginBatchDraw(); // 开始批量绘制
29
30          // 初始化二维数组，从0依次增加到ROWNUM*COLNUM-1
31          for (int i = 0; i < ROWNUM; i++)
32          {
33              for (int j = 0; j < COLNUM; j = j + 1)
34              {
35                  grid[i][j] = i * COLNUM + j;
36              }
37          }
38      }
39
40  void show()  // 绘制函数
41  {
42      // 绘制所有的图片方块
43      for (int i = 0; i < ROWNUM; i++) // 对行遍历
44      {
45          for (int j = 0; j < COLNUM; j++) // 对列遍历
46          {
47              // 绘制当前图片方块
48              putimagePng(j * blockLength, i * blockLength, &imBlocks
    [grid[i][j]]);
49              // 绘制当前方块的线条
50              setlinecolor(RGB(150, 150, 150));  // 边框线条颜色为黑灰色
51              rectangle(j * blockLength, i * blockLength, (j + 1) *
    blockLength, (i + 1) * blockLength);
52          }
53      }
54
55      FlushBatchDraw(); // 批量绘制
56      Sleep(1); // 暂停
57  }
58
59
60  int main()
61  {
62      startup();  // 初始化函数
63      while (1)   // 一直循环
64      {
65          show();  // 进行绘制
66      }
67      return 0;
68  }
```

11.1.2　生成随机初始状态

本节生成滑动拼图游戏的随机初始状态，完整代码参见配套资源中的 11-1-2.cpp，下面对代码中的关键部分进行讲解。

不同图片方块向空白区域的滑动，等同于只移动空白方块，为了简化处理，添加moveBlankBlock()函数，让空白方块可以向上、下、左、右四个方向滑动，代码如下。

11-1-2.cpp

```
14    // 移动空白方块函数，参数d从0到3依次表示向上、下、左、右四个方向移动
15    void moveBlankBlock(int d)
16    {
17        int blank_i, blank_j; // 空白方块的行、列序号
18        // 首先遍历二维数组，得到空白方块的行、列序号
19        for (int i = 0; i < ROWNUM; i++)
20        {
21            for (int j = 0; j < COLNUM; j++)
22            {
23                if (grid[i][j] == 0)
24                {
25                    blank_i = i;
26                    blank_j = j;
27                }
28            }
29        }
30
31        int next_i, next_j; // 要和空白方块交换位置的图片方块的行、列序号
32        int directions[4][2] = { {-1,0},{1,0},{0,-1},{0,1} };
33        next_i = blank_i + directions[d][0];
34        next_j = blank_j + directions[d][1];
35        // 当行、列序号没有超出范围时
36        if ((next_i >= 0)              // 向左不越界
37            && (next_i <= ROWNUM - 1)   // 向右不越界
38            && (next_j >= 0)            // 向上不越界
39            && (next_j <= COLNUM - 1))  // 向下不越界
40        {
41            // 交换两个方块的值
42            grid[blank_i][blank_j] = grid[next_i][next_j];
43            grid[next_i][next_j] = 0;
44        }
45    }
```

在startup()函数中添加代码，利用moveBlankBlock()函数，让空白方块多次向随机方向滑动，代码如下。

11-1-2.cpp

```
75        // 对初始二维数组进行乱序
76        for (int i = 0; i < 300; i++)
```

```
77          {
78              int d = rand() % 4;  // 随机方向
79              moveBlankBlock(d);   // 沿着d方向移动空白方块
80          }
```

使用11-1-2.cpp即可生成游戏的随机初始状态，运行效果如图11-4所示。

图 11-4

11.1.3　鼠标交互与胜利判断

本节实现鼠标交互和游戏的胜利判断，完整代码参见配套资源中的11-1-3.cpp，扫描右侧二维码观看视频效果"11.1.3 鼠标交互与胜利判断"。

添加update()函数，当鼠标左键点击一个图片方块时，首先获得它的行、列序号；然后调用moveColorBlock()函数，如果点击的图片方块周围有空白方块，就交换两个方块的位置；最后调用isWinning()函数，如果所有方块位置都正确，就输出游戏胜利文字，代码如下。

11.1.3 鼠标交互与胜利判断

11-1-3.cpp

```
157  void update()  // 更新
158  {
159      MOUSEMSG m;        // 定义鼠标消息
160      if (MouseHit())    // 如果有鼠标消息
161      {
162          m = GetMouseMsg();  // 获得鼠标消息
163          if (m.uMsg == WM_LBUTTONDOWN) // 如果点击鼠标左键
164          {
165              // 首先获得用户点击的对应方块的行号、列号
166              int iClicked = m.y / blockLength;
167              int jClicked = m.x / blockLength;
168
```

```
169                    // 点击一个图片方块后，如果其周围有空白方块，就交换
170                    moveColorBlock(iClicked, jClicked);
171
172                    // 判断是否胜利
173                    isWin = isWinning();
174                }
175            }
176        }
```

moveColorBlock() 函数定义如下，用于将图片方块和它相邻的空白方块进行交换。

11-1-3.cpp

```
48     // 点击一个图片方块后，如果其周围有空白方块，就交换；否则不处理
49     void moveColorBlock(int ci, int cj)
50     {
51         int blank_i, blank_j; // 空白方块的行、列序号
52         // 首先遍历二维数组，得到空白方块的行、列序号
53         for (int i = 0; i < ROWNUM; i++)
54         {
55             for (int j = 0; j < COLNUM; j++)
56             {
57                 if (grid[i][j] == 0)
58                 {
59                     blank_i = i;
60                     blank_j = j;
61                 }
62             }
63         }
64
65         // 当点击的方块(ci,cj)和空白方块(blank_i, blank_j)相邻时
66         if ((ci == blank_i && cj == blank_j + 1)
67             || (ci == blank_i && cj == blank_j - 1)
68             || (ci == blank_i + 1 && cj == blank_j)
69             || (ci == blank_i - 1 && cj == blank_j))
70         {
71             // 交换两个方块的值
72             grid[blank_i][blank_j] = grid[ci][cj];
73             grid[ci][cj] = 0;
74         }
75     }
```

isWinning() 函数定义如下，用于判断是否所有方块的位置都正确。

11-1-3.cpp

```
77     // 判断是否胜利
78     bool isWinning()
79     {
80         for (int i = 0; i < ROWNUM; i++)
81         {
82             for (int j = 0; j < COLNUM; j = j + 1)
```

```
83                {
84                    if (grid[i][j] != i * COLNUM + j)
85                        return false; // 有一个方块位置错误，返回false
86                }
87            }
88        return true; // 以上都不返回，说明所有方块位置都正确
89    }
```

11-1-3.cpp 的运行效果如图 11-5 所示。

图 11-5

11.2   状态空间上的搜索算法

问题的解决通常包括问题的表示和求解两方面。在之前的章节中，我们学习了多种问题的求解算法，然而对于一些复杂问题，经常会卡在问题的表示上。比如，要使用图的广度优先搜索，首先需要明确什么是图的节点、如何定义节点之间的边。

作为一种常用的方法，状态空间表示法为问题的表示提供了一种通用的处理策略：问题可以表示为(S,F,G)，其中S为所有状态的集合，F为操作符集合，G为目标状态。

将图 11-1 中的图片方块替换为图片的序号，滑动拼图游戏就转换成了八数码问题，如图 11-6 所示。

图 11-6

八数码问题所有可能状态的集合S由0到8共9个数字组成；操作符为将0元素表示的空白方块向上、下、左、右移动；游戏目的是从图 11-6 中左侧的初始状态开始，通过一系列的操作，达到图 11-6 中右侧的目标状态G。

将不同的操作符作用于初始状态，然后再作用于生成的状态，可以产生

如图 11-7 所示的状态空间树。

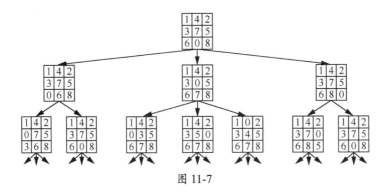

图 11-7

将状态看成状态空间树中的节点，操作符看成状态空间树中的边，状态空间也可以利用图的搜索算法进行求解。不同的搜索算法对应状态空间树中不同的搜索次序。

广度优先搜索算法从初始状态一层一层向下查找，其搜索顺序如图 11-8 所示。

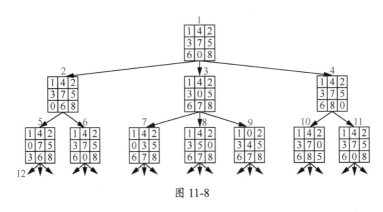

图 11-8

深度优先搜索算法优先向下层查找，其搜索顺序如图 11-9 所示。

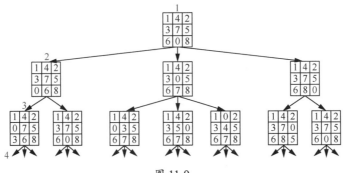

图 11-9

为了防止沿着无用的路径一直扩展下去，可以给深度加一个界限，称为有界深度优先搜索。比如设定界限为3，当深度为3的状态不是目标状态时，不继续向下层扩展，其搜索顺序如图11-10所示。

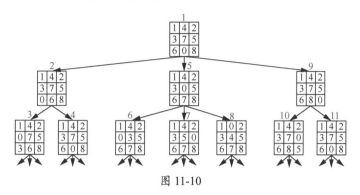

图 11-10

逐渐增加深度界限，每次进行有界深度优先搜索，就得到了迭代加深的深度优先搜索算法。

为了提高搜索效率，也可以采用A*算法，每次优先处理OPEN表中 $g(n)+h(n)$ 最小的节点。对于节点 n ， $g(n)$ 为初始状态到 n 的操作次数， $h(n)$ 为 n 到目标状态的曼哈顿距离，即所有小方块到其对应目标状态的曼哈顿距离的和。曼哈顿距离的定义详见10.3节，等价于一个小方块移动到目标位置的最少操作次数，可以用于估计当前状态到目标状态的距离。

将迭代加深的思路和A*算法结合，即为迭代加深的A*（Iterative Deepening A*，IDA*）算法。

11.3　滑动拼图游戏的自动求解

11.3 滑动拼图游戏的自动求解

本节利用状态空间上的A*算法进行滑动拼图游戏的自动求解，完整代码参见配套资源中的11-3.cpp，扫描右侧二维码观看视频效果"11.3 滑动拼图游戏的自动求解"。

首先，定义滑动拼图游戏状态的结构体，其中二维数组grid[ROWNUM][COLNUM]记录游戏中所有小方块的图片序号，blank_i、blank_j记录当前状态空白方格对应的行、列序号，moveNum记录初始状态到当前状态的操作次数，manhDist记录当前状态到目标状态的曼哈顿距离，代码如下。

11-3.cpp

```
18    struct Puzzle
19    {
```

```
20        int grid[ROWNUM][COLNUM];
21        int blank_i, blank_j;
22        int moveNum;
23        int manhDist;
24    };
```

定义Puzzle结构体变量的比较函数comp()，代码如下。

11-3.cpp

```
42    bool comp(const struct Puzzle& a, const struct Puzzle& b)
43    {
44        return a.moveNum + a.manhDist < b.moveNum + b.manhDist;
45    }
```

在A*算法中利用comp()函数对OPEN表中的所有节点进行从小到大排序，代码如下。

11-3.cpp

```
222    sort(OPEN.begin(), OPEN.end(), comp);
```

为了快速判断某一状态是否已经检索过，A*算法中没有使用vector来定义CLOSE表，而是使用STL的关联容器map（也可以使用unordered_map），其中"键"为状态结构体，对应的"值"为布尔类型，代码如下。

11-3.cpp

```
212    map<Puzzle, bool> CHECK;
```

如果节点puzzle已经被处理过，则进行赋值，代码如下。

11-3.cpp

```
217    CHECK[puzzle] = true;
```

重载Puzzle的"<"运算符，当两个节点完全一样时，返回false，可用于关联容器，比较两个结构体变量是否相同，代码如下。

11-3.cpp

```
25    struct Puzzle
26    {
27        bool operator < (const Puzzle& p) const
28        {
29            for (int i = 0; i < ROWNUM; i++)
30            {
31                for (int j = 0; j < COLNUM; j++)
32                {
33                    if (grid[i][j] != p.grid[i][j])
34                        return grid[i][j] > p.grid[i][j];
35                }
```

```
36              }
37          return false;
38      }
39  };
```

利用CHECK，可以快速判断节点p是否被处理过。

11-3.cpp

```
251 if (!CHECK[p]) // 状态p是否还没有被处理过
252 {
253
254 };
```

另外，为结构体添加string类型成员变量moves，记录对空白方块的操作序列。'u'、'd'、'l'、'r'分别对应空白方块向上、下、左、右滑动。利用记录的操作字符串，showMoves()函数绘制出从初始状态到目标状态的求解过程动画。

结合11-1-3.cpp中的鼠标交互与胜利判断和10-4.cpp中的A*算法，滑动拼图游戏自动求解的核心搜索算法代码如下。

11-3.cpp

```
208  // 使用A*算法搜索startPuzzle和goalPuzzle之间的最短路径
209  void A_star()
210  {
211      vector<Puzzle> OPEN; // OPEN表，记录待处理的节点
212      map<Puzzle, bool> CHECK; // 用于判断某一拼图状态是否被检索过
213      startPuzzle.moveNum = 0; // 从初始拼图状态到当前状态的操作次数
214      startPuzzle.manhDist = ManhDistance(startPuzzle); // 当前状态到目
     标拼图状态的曼哈顿距离
215      startPuzzle.moves = ""; // 初始拼图没有操作
216      OPEN.push_back(startPuzzle); // 将初始拼图状态加入OPEN表
217      CHECK[startPuzzle] = true; // 标记这个状态已经处理过
218
219      while (OPEN.size() > 0) // 当OPEN表非空时，一直循环
220      {
221          // 对OPEN表按comp函数中的方法进行从小到大排序
222          sort(OPEN.begin(), OPEN.end(), comp);
223          Puzzle cp = OPEN[0]; // 取OPEN表中的第一个元素，设为当前节点
224          if (judeWin(cp))  // 如果已经到了目标位置
225          {
226              goalPuzzle = cp; // 将结果赋给goalPuzzle
227              isWin = true; // 游戏胜利
228              return; // 返回
229          }
230          else // 如果还没有到目标位置
231          {
```

```
232                  int next_i, next_j; // 下面要搜索的位置
233                  // 空白方块沿着上、下、左、右四个方向移动，搜索新的状态
234                  for (int d = 0; d < 4; d++) // 一共循环四次，每次朝着一个
     方向搜索
235                  {
236                      // 修改行、列序号，朝着某一方向搜索
237                      next_i = cp.blank_i + directions[d][0];
238                      next_j = cp.blank_j + directions[d][1];
239                      // 当行、列序号没有超出范围时
240                      if ((next_i >= 0)              // 向左不越界
241                          && (next_i <= ROWNUM - 1)    // 向右不越界
242                          && (next_j >= 0)             // 向上不越界
243                          && (next_j <= COLNUM - 1))   // 向下不越界
244                      {
245                          Puzzle np = cp; // 复制一份节点 next puzzle
246                          // 交换两个方块的值
247                          np.grid[np.blank_i][np.blank_j] = np.grid[next_i]
     [next_j];
248                          np.grid[next_i][next_j] = 0;
249                          np.blank_i = next_i;
250                          np.blank_j = next_j;
251                          if (!CHECK[np]) // 状态np还没有被处理过
252                          {
253                              CHECK[np] = true; // 标记其已被处理过
254                              np.moveNum = cp.moveNum + 1; // 操作步数加1
255                              np.manhDist=ManhDistance(np);// 计算到目标位置
     的曼哈顿距离
256                              np.moves += dir[d]; // 记录对应的空白方块移动方向
257                              OPEN.push_back(np); // 加入OPEN表
258                          }
259                      }
260                  }
261              }
262              // 删除OPEN表中第一个节点，即当前已处理的节点
263              OPEN.erase(OPEN.begin());
264          }
265      }
```

11.4　拓展练习：农夫过河游戏

　　读者可以尝试用状态空间表示法描述农夫过河问题，并用搜索算法实现问题的自动求解。如图11-11所示，农夫带着狼、羊、草过河，小船一次只能运载农夫和一种货物，狼会吃羊、羊会吃草，只有农夫在时才安全。尝试用状态空间上的广度优先搜索算法，让农夫和所有货物顺利过河。代码实现

可参考11-4.cpp，扫描下方二维码观看视频效果"11.4 农夫过河游戏的自动求解"。

图 11-11

11.4 农夫过河
游戏的自动
求解

11.5　小结

　　本章主要讲解了滑动拼图游戏的实现，以及利用状态空间上的搜索算法实现滑动拼图游戏的自动求解。

　　读者也可以尝试更复杂的拼图游戏，看看目前的搜索算法效率如何，能否利用迭代加深等策略进一步改进。

第12章 井字棋

在本章中，我们将实现井字棋游戏。如图12-1所示，玩家通过鼠标在3行3列的棋盘上分别画圆圈和叉叉，如果同一行、同一列、或同一对角线上有3个同样的棋子，则该方胜利。

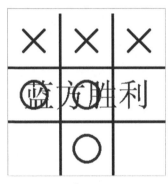

图 12-1

我们首先实现图形显示、鼠标交互的双人井字棋游戏，然后计算棋局的估值函数，利用博弈树的极大极小值搜索算法、α-β剪枝搜索算法提升搜索效率，实现人机对战的井字棋游戏。

12.1 双人对战井字棋

12.1.1 数据结构和画面显示

定义二维数组board存储井字棋的棋盘数据，board[i][j]的值为0表示对应棋盘格为空，值为-1表示对应棋盘格中为红色圆圈，值为1表示对应棋盘格中为蓝色叉叉。

12-1-1.cpp

```
5    int board[3][3];
```

在startup()函数中对board进行初始化，在show()函数中根据grid[i][j]的值绘制相应的棋盘。完整代码参见12-1-1.cpp，运行效果如图12-2所示。

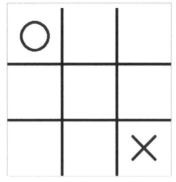

图 12-2

12-1-1.cpp

```cpp
1    #include <graphics.h>
2    #include <conio.h>
3
4    const int blockLength = 100; // 一格小正方形的边长
5    int board[3][3]; // 井字棋的棋盘：0表示空白，-1表示红色圆圈，1表示蓝色叉叉
6
7    void startup()  //  初始化函数
8    {
9        int windowWidth = 3 * blockLength; // 屏幕宽度
10       int windowHEIGHT = 3 * blockLength; // 屏幕高度
11       initgraph(windowWidth, windowHEIGHT);   // 新开窗口
12       setbkcolor(WHITE);    // 设置背景颜色为白色
13       setlinestyle(PS_SOLID, 5); // 设置线条样式，实线、线宽
14
15       for (int i = 0; i < 3; i++)
16           for (int j = 0; j < 3; j++)
17               board[i][j] = 0; // 起初棋盘为空
18       // 初始放置两个测试棋子
19       board[0][0] = -1;
20       board[2][2] = 1;
21   }
22
23   void show()  // 绘制函数
24   {
25       cleardevice(); // 以背景颜色清空画面
26
27       // 绘制棋盘线
28       setlinecolor(RGB(50, 50, 50));   // 边框线条颜色为黑灰色
29       for (int i = 1; i < 3; i++)
30       {
31           line(0, i * blockLength, 3 * blockLength, i * blockLength);
32           line(i * blockLength, 0, i * blockLength, 3 * blockLength);
33       }
34
35       // 绘制棋子
```

```
36          for (int i = 0; i < 3; i++) // 行
37          {
38              for (int j = 0; j < 3; j++) // 列
39              {
40                  if (board[i][j] == -1) // 画红色圆圈
41                  {
42                      setlinecolor(RED);
43                      circle((j+0.5)*blockLength, (i+0.5)*blockLength, 0.25*
blockLength);
44                  }
45                  else if (board[i][j] == 1) // 画蓝色叉叉
46                  {
47                      setlinecolor(BLUE);
48                      line((j + 0.3) * blockLength, (i + 0.3) * blockLength,
(j + 0.7) * blockLength, (i + 0.7) * blockLength);
49                      line((j + 0.3) * blockLength, (i + 0.7) * blockLength,
(j + 0.7) * blockLength, (i + 0.3) * blockLength);
50                  }
51              }
52          }
53
54          FlushBatchDraw(); // 批量绘制
55      }
56
57      int main()
58      {
59          startup(); // 初始化函数
60          while (1)  // 一直循环
61          {
62              show(); // 进行绘制
63          }
64          return 0;
65      }
```

12.1.2　通过鼠标交互下棋

本节实现通过鼠标交互下棋，完整代码参见配套资源中
的 12-1-2.cpp，扫描右侧二维码观看视频效果"12.1.2 通过鼠标
交互下棋"。

12.1.2 通过鼠
标交互下棋

定义 isCirclePlay 变量，记录是否为圆圈棋手下棋，初始
设为 true，代码如下。

12-1-2.cpp

```
6      bool isCirclePlay; // 是否轮到圆圈下棋了
```

添加 update() 函数，当鼠标左键点击一个棋盘格时，首先获得它的行、列
序号；如果是空棋盘格，根据 isCirclePlay 的值画圆圈或叉叉；利用 isCirclePlay =
!isCirclePlay 切换下棋选手，代码如下。

12-1-2.cpp

```
57   void update()  // 更新
58   {
59       MOUSEMSG m;      // 定义鼠标消息
60       if (MouseHit())   // 如果有鼠标消息
61       {
62           m = GetMouseMsg();  // 获得鼠标消息
63           if (m.uMsg == WM_LBUTTONDOWN) // 如果点击鼠标左键
64           {
65               // 首先获得用户点击的对应方格的行号、列号
66               int iClicked = m.y / blockLength;
67               int jClicked = m.x / blockLength;
68
69               // 当点击的是空棋盘格时才处理
70               if (board[iClicked][jClicked] == 0)
71               {
72                   if (isCirclePlay) // 轮到圆圈下，落子圆圈
73                       board[iClicked][jClicked] = -1;
74                   else // 轮到叉叉下，落子叉叉
75                       board[iClicked][jClicked] = 1;
76                   // 切换下棋选手
77                   isCirclePlay = !isCirclePlay;
78               }
79           }
80       }
81   }
```

12-1-2.cpp的运行效果如图12-3所示。

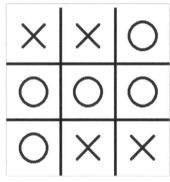

图 12-3

12.1.3　胜负判断

本节实现井字棋的胜负判断，完整代码参见配套资源中的
12-1-3.cpp，扫描右侧二维码观看视频效果"12.1.3 胜负判断"。

12.1.3 胜负判断

添加judeGameStatus()函数，判断棋盘当前的状态。如果某一行、某一

列、或某一对角线上有3个同样的棋子，则该方棋手获胜；如果没有任何一方
获胜，且棋盘还没有下满，则游戏还没有结束；如果棋盘下满且没有任何一
方获胜，为平局，代码如下。

12-1-3.cpp

```
27      // 判断游戏状态，返回-100表示还没有结束，-1表示圆圈胜利，1表示叉叉胜利，
      0表示平局
28      int judeGameStatus()
29      {
30          for (int i = 0; i < 3; i++)
31          {
32              // 如果某一行3个棋子都相同，且不是空棋子
33              if (board[i][0]==board[i][1]&&board[i][1]==board[i][2]&&board
      [i][0]!=0)
34                  return board[i][0];
35              // 如果某一列3个棋子都相同，且不是空棋子
36              if (board[0][i]==board[1][i]&&board[1][i]==board[2][i]&&board
      [0][i]!=0)
37                  return board[0][i];
38          }
39
40          // 如果对角线上有3个棋子相同，且不是空棋子
41          if (board[1][1] != 0)
42          {
43              if (board[0][0] == board[1][1] && board[1][1] == board[2][2])
44                  return board[0][0];
45              if (board[0][2] == board[1][1] && board[1][1] == board[2][0])
46                  return board[0][2];
47          }
48
49          // 如果上面都没有返回，且棋盘还没有下满，表示游戏还没有结束
50          for (int i = 0; i < 3; i++) // 行
51          {
52              for (int j = 0; j < 3; j++) // 列
53              {
54                  if (board[i][j] == 0)
55                      return -100;
56              }
57          }
58
59          // 以上都没有返回，说明棋盘下满了且为平局
60          return 0;
61      }
```

在update()函数中添加代码，每次下棋后，调用judeGameStatus()更新棋
盘状态，代码如下。

12-1-3.cpp

```
142         // 判断游戏状态
143         gameStatus = judeGameStatus();
```

在show()函数中添加代码，输出棋盘结束后可能的3种状态，如图12-4所示。

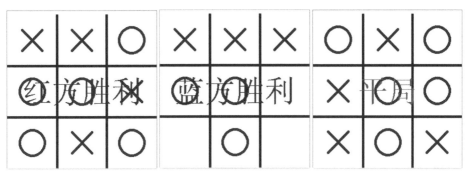

图 12-4

12.2 棋局的估值函数

假设圆圈、叉叉各下了一手，得到如图12-5所示的棋局。对于圆圈棋手，目前棋盘格中剩下的7处空白位置，下在哪个位置最合适？

对于圆圈棋手，如果某一行（或列、对角线）有两个圆圈且没有叉叉（条件1），则获胜的概率较大；如果某一行（或列、对角线）没有叉叉，即只有圆圈或空白（条件2），也有可能获胜。设定圆圈的得分为10×满足条件1的个数+满足条件2的个数；如果某一行（或列、对角线）有3个圆圈，直接获胜，得分为1000。

假设圆圈下在左上角，如图12-6所示。

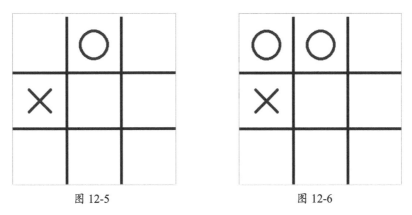

图 12-5   图 12-6

满足条件1的个数为1，如图12-7（a）中虚线所示；满足条件2的个数为6，如图12-7（b）中虚线所示。因此图12-6所示下法的得分为10×1+6=16。

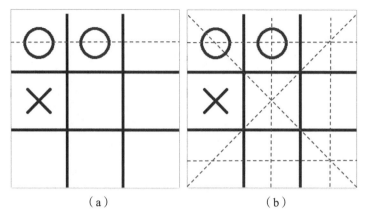

（a）　　　　　　　　　　　（b）

图 12-7

假设圆圈下在右下角，如图12-8所示。

满足条件1的个数为0，满足条件2的个数为6，因此图12-8下法的得分为10×0+6=6。

对图12-5中圆圈的所有候选位置进行评分，得到如图12-9所示的结果。

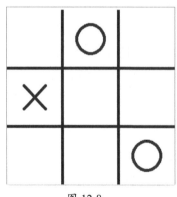

图 12-8

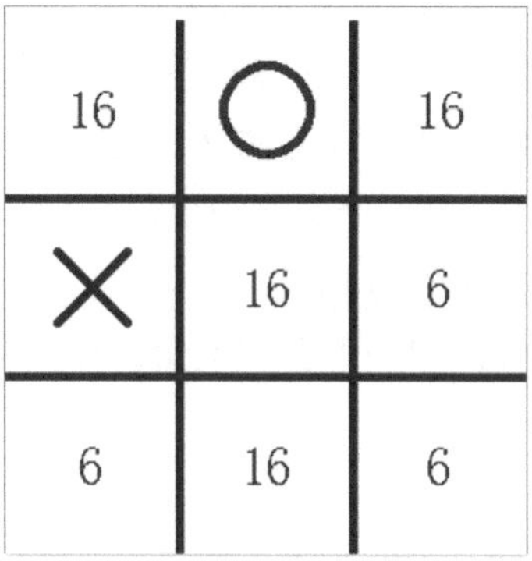

16	○	16
×	16	6
6	16	6

图 12-9

另外，为了防止叉叉选手胜利，可以设定估值函数=圆圈得分−叉叉得分，则可得到如图12-10的总得分。

对于圆圈棋手，每次下棋应选择使得圆圈估值得分最高的位置；对于叉叉棋手，每次下棋应该选择使得圆圈估值得分最低的位置。

使用配套资源中的12-2.cpp计算并显示棋局的估值，扫描右侧二维码观看视频效果"12.2 棋局的估值函数"。

12.2 棋局的估值函数

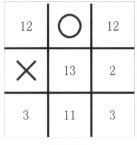

12	○	12
12	○	12
×	13	2
3	11	3

图 12-10

12-2.cpp 中的关键内容为 estimateScores() 函数，用于估计当前棋盘的圆圈估值得分，代码如下。

12-2.cpp

```
86    // 估计当前棋盘上，下在各个空位上对应的得分
87    void estimateScores()
88    {
89        for (int i = 0; i < 3; i++) // 行
90        {
91            for (int j = 0; j < 3; j++) // 列
92            {
93                if (board[i][j] == 0) // 如果当前棋盘格为空
94                {
95                    if (isCirclePlay) // 轮到圆圈方下棋
96                        board[i][j] = -1; // 将当前棋子临时设为圆圈
97                    else // 轮到叉叉方下棋
98                        board[i][j] = 1; // 将当前棋子临时设为叉叉
99
100                   if (judeGameStatus() == -1) // 圆圈获胜，直接给个大分
101                       boardScores[i][j] = board[i][j] * (-1000);
102                   else if (judeGameStatus() == 1) // 叉叉获胜，直接给个大分
103                       boardScores[i][j] = board[i][j] * (-1000);
104                   else
105                   {
106                       int circleEmptyLineNum = 0; // 当前行（或列、对角
线）只有圆圈棋子的个数
107                       int circleTwoLineNum = 0; // 当前行（或列、对角线）
有两个圆圈棋子且没有叉叉的个数
108                       // 统计圆圈的得分
109                       for (int m = 0; m < 3; m++)
110                       {
111                           circleEmptyLineNum += isEmptyLine(-1, board[m]
[0], board[m][1], board[m][2]);
112                           circleEmptyLineNum += isEmptyLine(-1, board[0]
[m], board[1][m], board[2][m]);
113                           circleTwoLineNum += isTwoLine(-1, board[m][0],
board[m][1], board[m][2]);
114                           circleTwoLineNum += isTwoLine(-1, board[0][m],
board[1][m], board[2][m]);
```

```
115                             }
116                             circleEmptyLineNum += isEmptyLine(-1, board[0][0],
    board[1][1], board[2][2]);
117                             circleEmptyLineNum += isEmptyLine(-1, board[0][2],
    board[1][1], board[2][0]);
118                             circleTwoLineNum += isTwoLine(-1, board[0][0],
    board[1][1], board[2][2]);
119                             circleTwoLineNum += isTwoLine(-1, board[0][2],
    board[1][1], board[2][0]);
120
121                             int crossEmptyLineNum = 0; // 当前行（或列、对角线）
    只有叉叉棋子的个数
122                             int crossTwoLineNum = 0; // 当前行（或列、对角线）
    有两个叉叉棋子且没有圆圈的个数
123                             // 统计叉叉的得分
124                             for (int m = 0; m < 3; m++)
125                             {
126                                 crossEmptyLineNum += isEmptyLine(1, board[m][0],
    board[m][1], board[m][2]);
127                                 crossEmptyLineNum += isEmptyLine(1, board[0][m],
    board[1][m], board[2][m]);
128                                 crossTwoLineNum += isTwoLine(1, board[m][0],
    board[m][1], board[m][2]);
129                                 crossTwoLineNum += isTwoLine(1, board[0][m],
    board[1][m], board[2][m]);
130                             }
131                             crossEmptyLineNum += isEmptyLine(1, board[0][0],
    board[1][1], board[2][2]);
132                             crossEmptyLineNum += isEmptyLine(1, board[0][2],
    board[1][1], board[2][0]);
133                             crossTwoLineNum += isTwoLine(1, board[0][0],
    board[1][1], board[2][2]);
134                             crossTwoLineNum += isTwoLine(1, board[0][2], board
    [1][1], board[2][0]);
135
136                             // 计算加权分数，即圆圈的得分-叉叉的得分
137                             boardScores[i][j] = circleEmptyLineNum -
    crossEmptyLineNum + 10 * (circleTwoLineNum - crossTwoLineNum);
138                             if (!isCirclePlay) // 如果是叉叉下，上面得分正好相反
139                                 boardScores[i][j] = -boardScores[i][j];
140                         }
141                     board[i][j] = 0; // 复原当前棋子为空
142                 }
143             }
144         }
145     }
```

提示　和这一节的思想类似，第10章的贪婪最佳优先搜索算法和A*算法也
使用了到目标的距离评估函数 $h()$。这种利用问题的启发信息来引导搜
索过程的方法，称为启发式搜索。

12.3 基于博弈树的极大极小值搜索算法实现人机对战下棋

博弈是指决策主体根据掌握的信息，做出有利于自己的决策的一种行为。对于下棋游戏而言，棋手双方轮流行动，选取不同的策略，最终一方取胜或平局。下棋时，不能只考虑下一步棋的结果，还需要考虑双方后续多步棋的情况。

对于井字棋，假设计算机先手画圆圈，棋手记为MAX；玩家后手画叉叉，棋手记为MIN。从空白棋盘开始，根据棋手的选择生成不同的状态，可以产生如图12-11所示的博弈树。

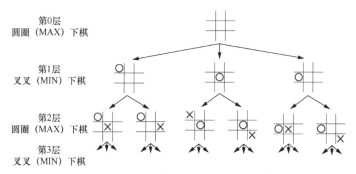

图 12-11

从第0层的空白棋盘开始，首先为圆圈（MAX）下棋，要选择使圆圈得分估值最大的位置；接着从第1层棋盘出发，为叉叉（MIN）下棋，要选择使圆圈得分估值最小的位置；如此迭代往下拓展节点。

对于博弈树中某一节点的估值函数，可以通过递归的方式进行计算。对于MAX层的节点，其估值函数为下一层所有节点估值函数的最大值；对于MIN层的节点，其估值函数为下一层所有节点估值函数的最小值。根据以上分析，博弈树上的极大极小值搜索算法的伪代码如下。

```
1    int MaxMinSearch(boardState, depthNum)
2    {
3        if depthNum==0
4            return EstimateScore(boardState)
5        遍历boardState所有可能下棋的位置
6            下棋后得到新状态节点nextBoardState
7            MaxMinSearch(nextBoardState,depthNum-1)计算nextBoardState的得分
8        if MAX下棋
9            选择上面遍历找到的节点中得分最高的位置下棋
10       if MIN下棋
11           选择上面遍历找到的节点中得分最低的位置下棋
12       切换棋手
13   }
```

递归调用MaxMinSearch()函数，即可自动搜索出每步的最佳下棋位置。

基于博弈树的极大极小值搜索算法实现人机对战下棋的完整代码参见配套资源中的12-3.cpp，扫描右侧二维码观看视频效果"12.3 基于博弈树的极大极小值搜索算法实现人机对战下棋"。12-2.cpp 中的估值函数仅考虑下 1 步棋的策略，而 12-3.cpp 中的方法可以考虑下 6 步棋的最佳策略。下面对 12-3.cpp 中的一些关键内容进行讲解。

12.3 基于博弈树的极大极小值搜索算法实现人机对战下棋

首先，定义井字棋棋盘状态的结构体，其中二维数组 board 存储井字棋的棋盘数据，isCirclePlay 记录是否为圆圈棋手下棋，estimatedScore 记录当前棋盘的评估得分，gameStatus 记录当前的游戏状态；重载"<"运算符，用于在 vector 中找出估值函数最大或最小的一个状态，代码如下。

12-3.cpp

```
10    struct BoardState
11    {
12        int board[3][3];
13        bool isCirclePlay;
14        int estimatedScore;
15        int gameStatus;
16        bool operator < (const BoardState& bs) const
17        {
18            return estimatedScore < bs.estimatedScore;
19        }
20    };
```

定义函数 MaxMinSearch()用以进行博弈树的极大极小值搜索，函数的参数 boardState 为当前棋盘状态、depthNum 为当前棋盘还要向下搜索的深度，函数返回 boardState 的估计得分，代码如下。

12-3.cpp

```
149    int MaxMinSearch(BoardState& boardState, int depthNum);
```

定义变量存储棋盘的当前状态，并在startup()函数中初始化为空棋盘，代码如下。

12-3.cpp

```
24    BoardState currentBS;
```

在update()函数中，如果轮到计算机圆圈下棋，就调用MaxMinSearch(currentBS, 6)进行最大6层的极大极小值搜索，最下面一层叶子节点的估值即为根据12.2节的估值函数计算出的单个棋局的得分估值，代码如下。

12-3.cpp

```
147     // 博弈树的极大极小值搜索
148     // 函数参数：当前棋盘状态、当前棋盘还要向下搜索的深度，返回对应的得分
149     int MaxMinSearch(BoardState& boardState, int depthNum)
150     {
151         // 如果还要向下搜索的深度是0，或所有棋子都下满了，直接输出棋盘对应
    的估值
152         if (depthNum == 0 || judeGameStatus(boardState.board) != -100)
153             return EstimateScore(boardState.board);
154
155         // 继续在空白处下棋，拓展节点
156         vector <BoardState> childrenBoardState; // 定义向量存储所有的子节点
157         for (int i = 0; i < 3; i++) // 行
158         {
159             for (int j = 0; j < 3; j++) // 列
160             {
161                 if (boardState.board[i][j] == 0) // 如果当前棋盘格为空
162                 {
163                     BoardState nextBoardState = boardState; // 复制一份临时的
164                     nextBoardState.isCirclePlay = !(boardState.
    isCirclePlay); // 下棋方切换
165                     if (boardState.isCirclePlay)  // 轮到圆圈方下棋
166                         nextBoardState.board[i][j] = -1; // 将当前棋子设为圆圈
167                     else  // 轮到叉叉方下棋
168                         nextBoardState.board[i][j] = 1; // 将当前棋子设为叉叉
169                     // 用递归函数估计新棋局的得分，注意递归调用时，将还要向
    下搜索的深度减1
170                     nextBoardState.estimatedScore = MaxMinSearch
    (nextBoardState, depthNum - 1);
171                     childrenBoardState.push_back(nextBoardState); // 把新
    棋局状态添加到向量中
172                 }
173             }
174         }
175
176         BoardState nextBestBoard; // 下一步最好的棋局状态
177         if (boardState.isCirclePlay)  // 轮到圆圈方下棋，找到childrenBoardState
    的最大值
178             nextBestBoard = *max_element(childrenBoardState.begin(),
    childrenBoardState.end());
179         else  // 轮到叉叉方下棋，找到childrenBoardState的最小值
180             nextBestBoard = *min_element(childrenBoardState.begin(),
    childrenBoardState.end());
181
182         // 记录当前节点的下一个棋盘
183         for (int i = 0; i < 3; i++) // 行
184             for (int j = 0; j < 3; j++) // 列
185                 boardState.nextBoard[i][j] = nextBestBoard.board[i][j];
186
187         return nextBestBoard.estimatedScore; // 返回子节点中极大极小值对应
```

的估值

}

12.4 基于 α-β 剪枝搜索算法实现人机对战下棋

极大极小值搜索的计算量较大，为了提高算法效率，可以采用 α-β 剪枝技术，即剪掉博弈树上不需要扩展的子节点，节省计算开销、提升搜索效率。

对于博弈树中的每一个节点，设置 α、β 两个变量，α 记录节点的估值下界，β 记录节点的估值上界。初始设定根节点的 $\alpha = -\infty$、$\beta = +\infty$，如图 12-12 所示。在搜索过程中，子节点首先继承父节点的 α、β，最下面一层叶子节点的 $\alpha = \beta =$ 单个棋局的估值。

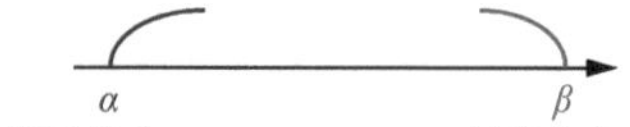

图 12-12

对于 MAX 层的节点，其估值函数为下一层所有节点的估值函数中的最大值。依次遍历其子节点，如果子节点的估值大于 α，则更新 α，如图 12-13 所示。

对于 MIN 层的节点，其估值函数为下一层所有节点的估值函数中的最小值。依次遍历其子节点，如果子节点的估值小于 β，则更新 β，如图 12-14 所示。

图 12-13

图 12-14

对于 MAX 层的节点 M，在遍历其子节点的过程中，如果子节点的估值大于 α，则更新 α；由于 M 的父节点（MIN 层）的估值函数为其所有子节点（节点 M 所在的 MAX 层）的估值函数中的最小值，如果节点 M 的 α 已经大于其父节点的 β（这个 β 是将要继承给节点 M 的 β），则当前节点 M 不会再让其父节点的估值更小了，因此终止对节点 M 及其下层节点的搜索，令节点 M 的估值为 α，如图 12-15 所示。

对于 MIN 层的节点 N，在遍历其子节点的过程中，如果子节点的估值小于 β，则更新 β；由于 N 的父节点（MAX 层）的估值函数为其所有子节点（节点 N 所在的 MIN 层）的估值函数中的最大值，如果节点 N 的 β 已经小于其父节点的 α（这个 α 是将要继承给节点 N 的 α），则当前节点 N 不会再让其父节点的估值更大了，因此终止对节点 N 及其下层节点的搜索，令节点 N 的估值为 β，如图 12-16 所示。

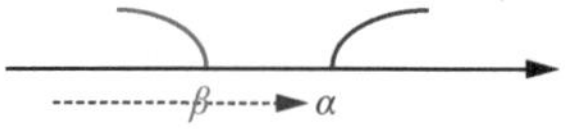

图 12-15

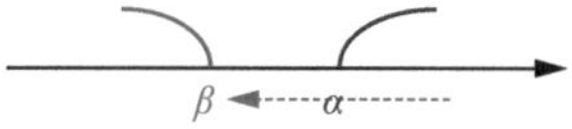

图 12-16

提示 　剪枝是一种常用的优化搜索效率的方法，通过剪掉搜索分支，避免不必要的搜索，加速搜索速度。第5章使用的回溯算法、第11章使用的有界深度优先搜索都是常见的剪枝形式。

采用α-β剪枝的极大极小值搜索算法的伪代码如下。

```
1    int MaxMinSearchAB(boardState, alpha, beta, depthNum)
2    {
3        if depthNum==0
4            return EstimateScore(boardState)
5        遍历boardState所有可能下棋的位置
6                下棋后得到新状态节点nextBoardState
7                MaxMinSearchAB(nextBoardState,alpha,beta,depthNum-1)计算新节点得分
8                if MAX下棋
9                    alpha = max(alpha, nextBoardState得分)
10                   if alpha >= beta
11                       return alpha
12               if MIN下棋
13                   beta = min(beta, nextBoardState得分)
14                   if alpha >= beta
15                       return beta
16       if MAX下棋
17           选择上面遍历找到的节点中得分最高的位置下棋
18       if MIN下棋
19           选择上面遍历找到的节点中得分最低的位置下棋
20       切换棋手
21   }
```

　　基于α-β剪枝搜索算法实现人机对战下棋的完整代码参见配套资源中的12-4.cpp，扫描右侧二维码观看视频效果"12.4 基于α-β剪枝搜索算法实现人机对战下棋"。下面对12-4.cpp中的一些关键内容进行讲解。

12.4 基于α - β 剪枝搜索算法实现人机对战下棋

　　定义函数MaxMinSearchAB()用以进行α-β剪枝的极大极小值搜索，函数的参数boardState为当前棋盘状态、alpha记录当前节点的估值上界、beta记录当前节点的估值下界、depthNum为当前棋盘还要向下搜索的深度，函数返回boardState的估计得分，代码如下。

　　12-4.cpp

```
196    // 带 α - β 剪枝的博弈树的极大极小值搜索
197    // 函数参数: 当前棋盘状态、α、β、当前棋盘还要向下搜索的深度, 返回对应的得分
198    int MaxMinSearchAB(BoardState& boardState, int alpha, int beta, int depthNum)
199    {
200        currentSearchNum++; // 搜索的次数增加
```

```
201
202          // 如果还要向下搜索的深度是0，或所有棋子都下满了，直接输出棋盘对应
     的估值
203          if (depthNum == 0 || judeGameStatus(boardState.board) != -100)
204              return EstimateScore(boardState.board);
205
206          // 继续在空白处下棋，拓展节点
207          vector <BoardState> childrenBoardState; // 定义向量，存储所有的子节点
208          for (int i = 0; i < 3; i++) // 行
209          {
210              for (int j = 0; j < 3; j++) // 列
211              {
212                  if (boardState.board[i][j] == 0) // 如果当前棋盘格为空
213                  {
214                      BoardState nextBoardState = boardState; // 复制一份临时的
215                      nextBoardState.isCirclePlay = !(boardState.isCirclePlay);
     // 下棋方切换
216                      if (boardState.isCirclePlay)  // 轮到圆圈方下棋
217                      {
218                          nextBoardState.board[i][j] = -1; // 将当前棋子设为圆圈
219                          // 利用递归函数，估计新棋局的得分，注意递归调用时，
     将还要向下搜索的深度减1
220                          nextBoardState.estimatedScore = MaxMinSearchAB
     (nextBoardState, alpha, beta, depthNum - 1);
221
222                          alpha= max(alpha, nextBoardState.estimatedScore);
     //更新alpha
223                          if (alpha >= beta) // 满足剪枝条件
224                          {
225                              // 记录当前节点的下一个棋盘
226                              for (int m = 0; m < 3; m++) // 行
227                                  for (int n = 0; n < 3; n++) // 列
228                                      boardState.nextBoard[m][n] =
     nextBoardState.board[m][n];
229                              return alpha;
230                          }
231                      }
232                      else  // 轮到叉叉方下棋
233                      {
234                          nextBoardState.board[i][j] = 1; // 将当前棋子设为叉叉
235                          // 利用递归函数，估计新棋局的得分，注意递归调用时，
     将还要搜索的深度减1
236                          nextBoardState.estimatedScore = MaxMinSearchAB
     (nextBoardState, alpha, beta, depthNum - 1);
237                          beta = min(beta, nextBoardState.estimatedScore);
     //更新beta
238                          if (alpha >= beta) // 满足剪枝条件
239                          {
240                              // 记录当前节点的下一个棋盘
241                              for (int m = 0; m < 3; m++) // 行
242                                  for (int n = 0; n < 3; n++) // 列
```

```
243                                     boardState.nextBoard[m][n] =
     nextBoardState.board[m][n];
244                           return beta;
245                       }
246                   }
247                   childrenBoardState.push_back(nextBoardState);
     // 把新棋局状态添加到向量中
248               }
249           }
250       }
251
252       BoardState nextBestBoard; // 下一步最好的棋局状态
253       if (boardState.isCirclePlay)  // 轮到圆圈方下棋, 找到childrenBoardState
     的最大值
254           nextBestBoard = *max_element(childrenBoardState.begin(),
     childrenBoardState.end());
255       else  // 轮到叉叉方下棋, 找到childrenBoardState的最小值
256           nextBestBoard = *min_element(childrenBoardState.begin(),
     childrenBoardState.end());
257
258       // 记录当前节点的下一个棋盘
259       for (int i = 0; i < 3; i++) // 行
260           for (int j = 0; j < 3; j++) // 列
261               boardState.nextBoard[i][j] = nextBestBoard.board[i][j];
262
263       return nextBestBoard.estimatedScore; // 返回子节点中极大极小值对应
     的估值
264   }
```

在update()函数中, 当轮到计算机圆圈下棋时, 就调用MaxMinSearchAB (currentBS, -1000, 1000, 6)进行最大6层的α-β剪枝的极大极小值搜索。

对于同样的棋局, 图12-17和图12-18分别显示了不带剪枝的和带α-β剪枝的搜索算法下各步棋的搜索次数。可以看出, 使用了α-β剪枝后, 算法效率显著提升。

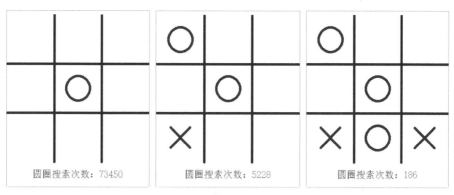

图 12-17

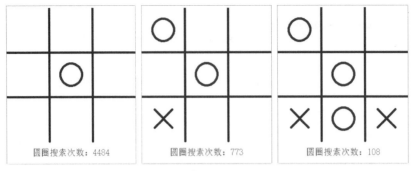

图 12-18

12.5　拓展练习：人机对战五子棋

读者可以尝试实现人机对战的五子棋游戏。代码实现可参考12-5.cpp，运行效果如图12-19所示，扫描下方二维码观看视频效果"12.5 人机对战五子棋"。

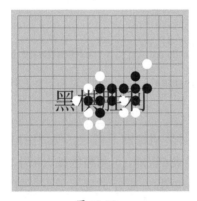

图 12-19

人机对战五子棋游戏的参考实现步骤如下。

1. 实现双人对战五子棋游戏。
2. 调研并实现棋局的估值函数。
3. 实现博弈树的极大极小值搜索。

12.6　小结

本章主要讲解了井字棋游戏的实现，以及利用博弈树上的极大极小值搜索算法实现人机对战版的井字棋游戏。

读者也可以利用本章所学的知识，尝试实现跳棋、黑白棋等常见的博弈游戏。

第13章 垒积木

在本章中，我们将实现垒积木游戏。如图13-1所示，从积木库中选取长方体积木，为了保证稳固性，位于下方的积木底面的长度、宽度必须大于位于上方的积木底面的长度、宽度。每种积木可以旋转，以垒出尽量高的积木堆。积木堆达到目标高度，游戏胜利。

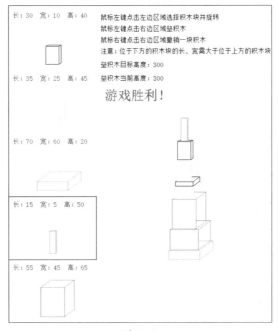

图 13-1

我们首先实现图形显示、鼠标交互的垒积木游戏，然后利用递归回溯算法、动态规划算法实现垒积木游戏的自动求解。

13.1 实现垒积木游戏

13.1.1 积木块的绘制

假设积木块的长为length、宽为width、高为height，其前底边中点在画面

中的平面坐标为 (x, y)，如图 13-2 所示。

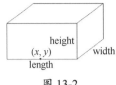

图 13-2

利用 EasyX 的 bar3d() 函数可以绘制出积木块的三维形状，代码如下。

13-1-1.cpp

```
24    bar3d(x - length / 2, y - height, x + length / 2, y, width / 2, true);
```

上方代码中，(x - length / 2, y - height)、(x + length / 2, y) 为积木块正对屏幕的矩形的左上角、右下角坐标；为了展示透视效果，深度绘制为 width 的一半。

定义结构体 Brick，存储积木的长、宽、高信息，代码如下。

13-1-1.cpp

```
3    struct Brick
4    {
5        int length, width, height;
6    };
```

定义积木变量，代码如下。

13-1-1.cpp

```
8    Brick brick;
```

在 startup() 函数中利用 setBrick() 函数对 brick 进行初始化，在 show() 函数中利用 showBrick() 函数绘制积木块，并显示其长、宽、高的数值。完整代码参见 13-1-1.cpp，运行效果如图 13-3 所示。

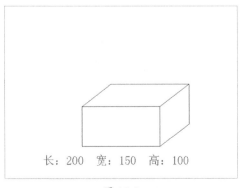

图 13-3

13-1-1.cpp

```cpp
1    #include <graphics.h>
2
3    struct Brick // 定义积木的一个状态
4    {
5        int length, width, height; // 积木块的长、宽、高
6    };
7
8    Brick brick; // 积木变量
9    const int windowWidth = 600; // 屏幕宽度
10   const int windowHEIGHT = 400; // 屏幕高度
11
12   // 定义函数，设定积木块的长、宽、高
13   void setBrick(Brick& brick, int l, int w, int h)
14   {
15       brick.length = l;
16       brick.width = w;
17       brick.height = h;
18   }
19
20   // 定义函数，绘制一个积木块，定位点是其前底边中点
21   void showBrick(Brick brick, int x, int y)
22   {
23       // 显示方块；由于透视关系，width显示为实际数值的一半
24       bar3d(x - brick.length / 2, y - brick.height, x + brick.length /
     2, y, brick.width / 2, true);
25   }
26
27   void startup()  //  初始化函数
28   {
29       // 设定5个初始积木的长、宽、高
30       setBrick(brick, 200, 150, 100);
31       initgraph(windowWidth, windowHEIGHT);   // 新开窗口
32       setbkcolor(WHITE);   // 设置背景颜色
33       setbkmode(TRANSPARENT); // 文字字体透明
34       BeginBatchDraw(); // 开始批量绘制
35   }
36
37   void show()  // 绘制函数
38   {
39       cleardevice(); // 以背景颜色清空画面
40
41       // 在左边区域，显示brickTypeNUM个对应的待选积木，还有对应的长、宽、
     高数字文字
42       settextstyle(30, 0, _T("宋体")); // 设置文字大小、字体
43       settextcolor(RGB(100, 100, 100)); // 设定文字颜色
44       TCHAR s[30]; // 定义字符串数组
45       setlinecolor(RGB(0, 0, 0));
46       showBrick(brick, windowWidth / 2, windowHEIGHT * 0.8);
47       swprintf_s(s, _T("长：%d  宽：%d 高：%d "), brick.length, brick.
     width, brick.height); //转换为字符串
```

215

```
48        outtextxy(100, windowHEIGHT * 0.85, s); // 显示文字
49
50        FlushBatchDraw(); // 批量绘制
51    }
52
53    int main()
54    {
55        startup();    //  初始化函数
56        while (1)     // 一直循环
57        {
58            show();   // 进行绘制
59        }
60        return 0;
61    }
```

13.1.2　积木块的旋转

要实现积木块的旋转，只需要交换其长、宽、高的数值即可。完整代码参见配套资源中的13-1-2.cpp，扫描右侧二维码观看视频效果"13.1.2 积木块的旋转"。

13.1.2 积木块的旋转

首先，为Brick添加成员变量，代码如下。

13-1-2.cpp

```
3    struct Brick // 定义积木的一个状态
4    {
5        int length, width, height; // 积木的长、宽、高
6        int rotateID; // 积木块的旋转序号，旋转就是交换其长、宽、高，序号从0到5
7        int lwh[6][3]; // 积木块6种姿态的长、宽、高，顺序对应旋转序号
8    };
```

上方代码中rotateID为积木块的旋转序号，取值为0到5，对应积木块的6种姿态。在startup()函数中初始化rotateID为0。二维数组lwh[][]存储积木块6种姿态对应的长、宽、高，并在startup()函数中初始化，代码如下。

13-1-2.cpp

```
32    // 设定5个初始积木的长、宽、高
33    setBrick(brick, 200, 150, 100);
34
35    brick.rotateID = 0; // 设为默认的状态
36    // 积木块6种姿态的长、宽、高
37    brick.lwh[0][0] = brick.length; brick.lwh[0][1] = brick.width; brick.
      lwh[0][2] = brick.height;
38    brick.lwh[1][0] = brick.width; brick.lwh[1][1] = brick.length; brick.
      lwh[1][2] = brick.height;
39    brick.lwh[2][0] = brick.width; brick.lwh[2][1] = brick.height; brick.
      lwh[2][2] = brick.length;
```

```
40    brick.lwh[3][0] = brick.height; brick.lwh[3][1] = brick.width; brick.
   lwh[3][2] = brick.length;
41    brick.lwh[4][0] = brick.length; brick.lwh[4][1] = brick.height; brick.
   lwh[4][2] = brick.width;
42    brick.lwh[5][0] = brick.height; brick.lwh[5][1] = brick.length; brick.
   lwh[5][2] = brick.width;
```

添加update()函数，当鼠标左键再次点击已选中的积木块时，增加rotateID的值，以lwh [rotateID][0]、lwh[rotateID][1]、lwh[rotateID][2]作为新的长、宽、高，即实现了积木块的旋转，代码如下。

13-1-2.cpp

```
66    void update()   // 更新
67    {
68        MOUSEMSG m;        // 定义鼠标消息
69        if (MouseHit())    // 如果有鼠标消息
70        {
71            m = GetMouseMsg();   // 获得鼠标消息
72            if (m.uMsg == WM_LBUTTONDOWN) // 如果按下鼠标左键
73            {
74                // 旋转积木更新当前积木块的姿态
75
76                if (brick.rotateID < 5)
77                    brick.rotateID++;
78                else
79                    brick.rotateID = 0;
80                // 更新其当前的长、宽、高数值
81                brick.length = brick.lwh[brick.rotateID][0];
82                brick.width = brick.lwh[brick.rotateID][1];
83                brick.height = brick.lwh[brick.rotateID][2];
84            }
85        }
86    }
```

13.1.3 多个积木与画面显示

本节实现多个积木与画面显示，完整代码参见配套资源中的13-1-3.cpp，扫描右侧二维码观看视频效果"13.1.3 多个积木与画面显示"。

13.1.3 多个积木与画面显示

定义结构体数组brickTypes，记录BRICKTYPENUM种积木块的长、宽、高，代码如下。

13-1-3.cpp

```
15    Brick brickTypes[BRICKTYPENUM]; // 左边待选区的积木数组，一共BRICKTYPENUM种
```

在startup()函数中对brickTypes的元素进行初始化，设定不同种类积木块的长、宽、高，代码如下。

13-1-3.cpp

```
38      // 设定5个初始积木的长、宽、高
39      setBrick(brickTypes[0], 40, 30, 10);
40      setBrick(brickTypes[1], 35, 25, 45);
41      setBrick(brickTypes[2], 60, 70, 20);
42      setBrick(brickTypes[3], 50, 15, 5);
43      setBrick(brickTypes[4], 65, 55, 45);
```

定义变量selectBrickTypeId，记录在游戏界面左侧区域选中的积木块的种类序号，代码如下。

13-1-3.cpp

```
16      int selectBrickTypeId; // 当前选中的左边积木块的种类序号
```

在startup()中，默认选择第0个积木块，代码如下。

13-1-3.cpp

```
57      selectBrickTypeId = 0; // 当前选中积木块的序号，默认选择第0个积木块
```

在show()函数中，在游戏界面左侧区域绘制所有的积木块，并用灰色线段进行分隔；在update()函数中，当鼠标左键点击某个积木块后，设定selectBrickTypeId为当前选中的积木块的种类序号，并将其分隔线设为黑色。13-1-3.cpp的运行效果如图13-4所示。

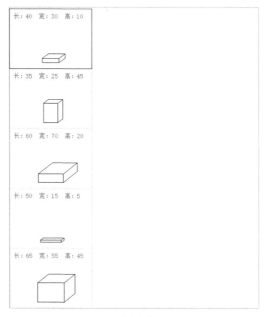

图 13-4

13.1.4 垒积木操作

本节实现垒积木操作，完整代码参见配套资源中的13-1-4.cpp，扫描右侧二维码观看视频效果"13.1.4 垒积木操作"。

定义向量brickHeap，存储游戏界面右侧区域垒起来的积木块，代码如下。

13.1.4 垒积木
操作

13-1-4.cpp

17	vector <Brick> brickHeap; // 记录堆积起来的积木块

在update()函数中添加代码，当在游戏界面右侧区域点击鼠标左键时，把在游戏界面左侧区域选中的积木块添加到右侧积木堆的最上面，代码如下。

13-1-4.cpp

```
136    else // 如果在右侧的堆积区点击鼠标左键，就添加当前选中的积木到brickHeap中
137    {
138        if (brickHeap.size() == 0) // 如果堆积区为空，直接添加进去
139        {
140            brickHeap.push_back(brickTypes[selectBrickTypeId]);
141        }
142        else // 否则，要判断最上面的积木和待添加的积木的大小，满足长、宽要求
才可添加
143        {
144            Brick topBrick = brickHeap[brickHeap.size() - 1]; // 最上面的
积木
145            if (brickTypes[selectBrickTypeId].length < topBrick.length &&
brickTypes[selectBrickTypeId].width < topBrick.width)
146                brickHeap.push_back(brickTypes[selectBrickTypeId]);
147        }
148    }
```

当在右侧区域点击鼠标右键时，删除右侧区域最上面的一块积木，代码如下。

13-1-4.cpp

```
150    else if (m.uMsg == WM_RBUTTONDOWN) // 如果按下鼠标右键
151    {
152        if (brickHeap.size() > 0) // 如果堆积区非空，删除最上面的一个积木
153            brickHeap.pop_back();
154    }
```

在show()函数中调用showBricks()函数进行绘制，代码如下。

13-1-4.cpp

```
37    // 绘制若干个堆积的积木块，整体定位点是最下层积木块的前底边中点
38    void showBricks(vector <Brick> bHeap, int x, int y)
39    {
```

```
40        for (int i = 0; i < bHeap.size(); i++)
41        {
42            showBrick(bHeap[i], x, y);
43            y = y - bHeap[i].height - 2; // 数组中下一个（几何中上一层）积
木的对应y坐标
44        }
45    }
```

注意，在右侧区域积木堆中，位于下方的积木的长、宽必须大于位于上方的积木的长、宽，否则无法添加新的积木。13-1-4.cpp 的运行效果如图 13-5 所示。

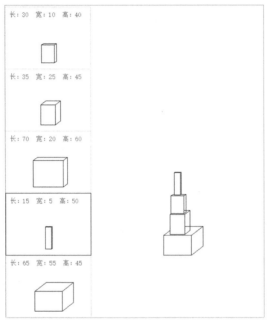

图 13-5

13.1.5　高度统计与胜负判断

13.1.5 高度统计与胜负判断

本节实现高度统计与胜负判断，完整代码参见配套资源中的 13-1-5.cpp，扫描右侧二维码观看视频效果 "13.1.5 高度统计与胜负判断"。

添加变量 goalHeight 记录游戏胜利的目标高度，currentHeight 记录当前垒出的高度，代码如下。

13-1-5.cpp

```
18    int goalHeight;   // 游戏胜利的目标高度
19    int currentHeight; // 当前垒出的积木高度
```

在update()函数中添加代码,计算当前积木垒出的总高度,代码如下。

13-1-5.cpp

```
177     // 重新统计当前积木垒出的总高度
178     currentHeight = 0;
179     for (int i = 0; i < brickHeap.size(); i++)
180         currentHeight += brickHeap[i].height;
```

在show()函数中输出高度信息,如果当前高度currentHeight大于等于目标高度goalHeight,输出"游戏胜利!"。13-1-5.cpp的运行效果如图13-6所示。

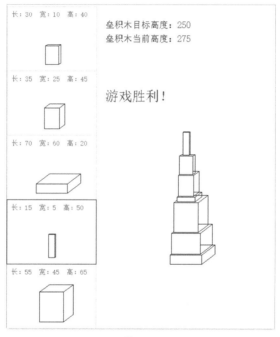

图 13-6

13.1.6　游戏完善

进一步完善游戏,为Brick添加成员变量,记录积木的颜色,代码如下。

13-1-6.cpp

```
8   struct Brick // 定义积木的一个状态
9   {
10      COLORREF color;
11  };
```

在startup()函数中将brickTypes[]中的积木设为不同的颜色,在show()函数中进行绘制,并输出更多提示信息。完整代码参见配套资源中的13-1-6.cpp,

运行效果如图13-7所示，扫描下方二维码观看视频效果"13.1.6 游戏完善"。

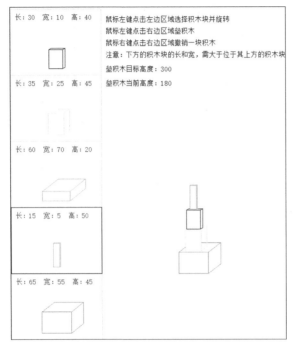

图 13-7

13.1.6 游戏
完善

13.2　递归回溯求解垒积木问题

为了能用计算机自动垒出最高的积木堆，首先对垒积木游戏进行分析。

假设一共有 N 种积木，每个积木有 6 个旋转姿态，相当于一共有 $6N$ 种不同长、宽、高的积木。因为垒积木时，位于下方的积木的长、宽必须大于位于上方的积木的长、宽，所以同一姿态的积木只能加入积木堆一次。

因此，垒积木问题可以转换为：如何从 $6N$ 个积木块中选出若干个积木块，在满足上方积木比下方积木小的前提下，垒出的积木堆最高。

可以利用回溯算法，首先按照积木底面面积从大到小编号，然后按积木编号依次垒积木。当没法继续添加积木时，进行回溯；当找到的垒法高度更高时，更新相关记录。算法的核心伪代码如下。

```
1    PileUp(remainBricks, pileBricks)
2    {
3        遍历还没有处理的积木remainBricks
4            if remainBricks[i]可以放到已摆放的积木堆pileBricks上
```

```
5            remainBricks2 = remainBricks中移除remainBricks[i]
6            pileBricks2 = pileBricks中加入remainBricks[i]
7            递归调用查找垒法PileUp(remainBricks2, pileBricks2)
8        else
9            if 当前垒法高度 > 最高高度记录
10               更新最高高度记录
11   }
```

完整代码参见13-2-1.cpp。

13-2-1.cpp

```cpp
1    #include <conio.h>
2    #include <vector>
3    #include <algorithm>
4    using namespace std;
5
6    // 积木种类数目
7    #define BRICKTYPENUM 5
8
9    struct Brick // 定义积木的一个状态
10   {
11       int length, width, height; // 积木的长、宽、高
12
13       // 重载<运算符，用于对结构体排序
14       bool operator < (const Brick& b) const
15       {
16           if (length + width < b.length + b.width)
17               return true;
18           else
19               return false;
20       }
21   };
22
23   // 定义函数，设定积木块的长、宽、高，返回该积木块
24   Brick generateBrick(int l, int w, int h)
25   {
26       Brick b;
27       b.length = l;
28       b.width = w;
29       b.height = h;
30       return b;
31   }
32
33   // 定义函数，输出所有积木块的长、宽、高
34   void printBricks(vector <Brick> bricks)
35   {
36       for (int i = 0; i < bricks.size(); i++)
37           printf_s("长: %d 宽: %d 高: %d \n", bricks[i].length, bricks[i].
     width, bricks[i].height);
```

```
38      }
39
40      // 判断积木块newBrick能否放在lastTopBrick上面
41      bool canPut(Brick newBrick, Brick lastTopBrick)
42      {
43          if (newBrick.length<lastTopBrick.length && newBrick.width<lastTopBrick.
   width)
44              return true;
45          else
46              return false;
47      }
48
49      // 统计积木块垒出的总高度
50      int calcuHeight(vector <Brick> bs)
51      {
52          int h = 0;
53          for (int i = 0; i < bs.size(); i++)
54              h += bs[i].height;
55          return h;
56      }
57
58      vector <Brick> BestSolutionBricks; // 存储最终的最优解，即高度最高的垒
   积木方案
59      int maxHeight = 0; // 存储最高高度
60      int searchNum = 0; // 最终搜索的次数
61
62      // 递归函数，遍历所有可能的求解方法，找出最高的垒法
63      // remainBricks为未处理的积木块，pileBricks为当前解法中已经放置的积木块
64      void PileUp(vector <Brick> remainBricks, vector <Brick> pileBricks)
65      {
66          // 遍历剩下的所有积木块
67          for (int i = 0; i < remainBricks.size(); i++)
68          {
69              searchNum++; // 搜索次数增加
70              // 如果求解为空，或者可以把remainBricks[i]放到pileBricks的最上面
71              if (pileBricks.size() == 0 || canPut(remainBricks[i], pileBricks
   [pileBricks.size() - 1]))
72              {
73                  // 构造新的remainBricks2、pileBricks2
74                  vector <Brick> remainBricks2 = remainBricks;
75                  vector <Brick> pileBricks2 = pileBricks;
76                  pileBricks2.push_back(remainBricks[i]); // 新垒上remainBricks[i]
77                  remainBricks2.erase(remainBricks2.begin() + i); // 在未处理
   积木块集合中删除这个积木块
78                  PileUp(remainBricks2, pileBricks2); // 递归求解
79              }
80              else // 这一组垒法搜索结束，比较这一组垒法和记录的最优解
81              {
82                  if (calcuHeight(pileBricks) > maxHeight) // 如果这个垒法比
   之前记录的最大高度还高
```

```
83                  {
84                          maxHeight = calcuHeight(pileBricks); // 更新记录的最大高度
85                          BestSolutionBricks = pileBricks; // 更新记录的最优解法
86                  }
87              }
88          }
89      }
90
91      int main()
92      {
93          Brick brickTypes[BRICKTYPENUM]; // 定义积木数组，一共BRICKTYPENUM种
94
95          // 设定5个初始积木的长、宽、高，假设都不一样
96          brickTypes[0] = generateBrick(40, 30, 10);
97          brickTypes[1] = generateBrick(35, 25, 45);
98          brickTypes[2] = generateBrick(60, 70, 20);
99          brickTypes[3] = generateBrick(50, 15, 5);
100         brickTypes[4] = generateBrick(65, 55, 45);
101
102         vector <Brick> AllBricks;// 每个积木通过旋转可得6种姿态，一共最多
    BRICKTYPENUM*6种
103         // 旋转生成所有的待处理积木，添加到AllBricks中
104         for (int i = 0; i < BRICKTYPENUM; i++)
105         {
106             AllBricks.push_back(generateBrick(brickTypes[i].length, brickTypes
    [i].width, brickTypes[i].height));
107             AllBricks.push_back(generateBrick(brickTypes[i].width, brickTypes
    [i].length, brickTypes[i].height));
108             AllBricks.push_back(generateBrick(brickTypes[i].width, brickTypes
    [i].height, brickTypes[i].length));
109             AllBricks.push_back(generateBrick(brickTypes[i].height, brickTypes
    [i].width, brickTypes[i].length));
110             AllBricks.push_back(generateBrick(brickTypes[i].length, brickTypes
    [i].height, brickTypes[i].width));
111             AllBricks.push_back(generateBrick(brickTypes[i].height, brickTypes
    [i].length, brickTypes[i].width));
112         }
113
114         sort(AllBricks.begin(), AllBricks.end()); // 从小到大排序
115         reverse(AllBricks.begin(), AllBricks.end()); // 逆序，相当于从大
    到小排序
116
117         // 尝试用递归回溯算法，找出最优解
118         vector <Brick> solution;
119         PileUp(AllBricks, solution);
120
121         // 输出最优解
122         printf("垒积木最高的方法（积木块从大到小）为：\n");
123         printBricks(BestSolutionBricks);
124         printf("总高度：%d \n", maxHeight);
```

```
        printf("最终搜索了%d次\n\n", searchNum);

        _getch();
        return 0;
}
```

运行13-2-1.cpp，输出垒积木游戏的最优解如图13-8所示。

```
垒积木最高的方法（积木块从大到小）为：
长：70 宽：60 高：20
长：65 宽：55 高：45
长：55 宽：45 高：65
长：45 宽：35 高：25
长：40 宽：30 高：10
长：35 宽：25 高：45
长：30 宽：10 高：40
长：15 宽：5 高：50
总高度：300
最终搜索了55404次
```

图 13-8

对于13.1节中5个积木块的垒积木问题，递归回溯算法搜索了5万多次，找到了垒出最高高度的摆放方法。

如果将积木增加到13个（代码参见配套资源中的13-2-2.cpp），较小规模的问题PileUp(remainBricks2, pileBricks2)会被重复调用多次求解，递归回溯算法需要搜索2000多万次才能输出最优解，如图13-9所示。

```
垒积木最高的方法（积木块从大到小）为：
长：175 宽：190 高：120
长：145 宽：185 高：35
长：120 宽：175 高：190
长：115 宽：165 高：40
长：45 宽：150 高：140
长：35 宽：145 高：185
长：30 宽：95 高：105
长：20 宽：70 高：85
长：15 宽：10 高：180
总高度：1080
最终搜索了26345442次
```

图 13-9

如果进一步增加到1000个积木，由于需要大量重复求解小规模问题，递归回溯将无法在短时间内得到结果。

13.3　动态规划求解垒积木问题

为了提高算法的求解效率，我们进一步分析垒积木问题。假设bricks[i]（i

从0到$N-1$）存储了N个积木块，并按照底面积从小到大排序，即i越大，bricks[i]的底部越大。bricks[i].height表示第i个积木块的高度，mH[i]表示将第i个积木块放在最底层垒出的积木堆的最高高度，则有以下公式。

```
1    mH[i] = max(mH[0], mH[1], mH[2], …, mH[i-1]) + mH[i].height
```

因为第i个积木块上方只能是第0个到第i-1个积木块，所以以第i个积木块为底的最高高度=以前面i-1个积木块为底的最高高度的最大值+第i个积木块的高度。这样把大问题分解为小问题，通过求解小问题，即可推出大问题的解。

利用这一思路，算法的伪代码如下。

```
1    for i从0到N-1
2        mH[i] = bricks[i].height
3        for j从0到i-1
4            if bricks[j]可以放到bricks[i]上面
5                if mH[i] < mH[j] + bricks[i].height
6                    mH[i] = mH[j] + bricks[i].heiht
```

将小规模局部问题的解存储起来（比如求出了mH[0]、mH[1]、…、mH[i]），等计算大问题的时候直接拿来利用（比如求解mH[i+1]、mH[i+2]），这就是动态规划（Dynamic Programming，DP）的基本思路。动态规划可以避免重复计算，显著提升算法效率。

利用动态规划求解垒积木问题的完整代码参见13-3-1.cpp。

13-3-1.cpp

```cpp
1    #include <conio.h>
2    #include <vector>
3    #include <algorithm>
4    using namespace std;
5
6    // 积木种类数目
7    #define BRICKTYPENUM 5
8
9    struct Brick // 定义积木的一个状态
10   {
11       int length, width, height; // 积木块的长、宽、高
12
13       // 重载<运算符，用于对结构体排序
14       bool operator < (const Brick& b) const
15       {
16           if (length + width < b.length + b.width)
17               return true;
18           else
19               return false;
```

```
20          }
21      };
22
23      // 定义函数，设定积木块的长、宽、高，返回该积木块
24      Brick generateBrick(int l, int w, int h)
25      {
26          Brick b;
27          b.length = l;
28          b.width = w;
29          b.height = h;
30          return b;
31      }
32
33      // 定义函数，输出所有积木块的长、宽、高
34      void printBricks(vector <Brick> bricks)
35      {
36          for (int i = 0; i < bricks.size(); i++)
37              printf_s("长：%d 宽：%d 高：%d \n", bricks[i].length, bricks[i].
    width, bricks[i].height);
38      }
39
40      // 判断积木块newBrick能否放在lastTopBrick上面
41      bool canPut(Brick newBrick, Brick lastTopBrick)
42      {
43          if (newBrick.length<lastTopBrick.length && newBrick.width<lastTopBrick.
    width)
44              return true;
45          else
46              return false;
47      }
48
49      // 统计积木块垒出的总高度
50      int calcuHeight(vector <Brick> bs)
51      {
52          int h = 0;
53          for (int i = 0; i < bs.size(); i++)
54              h += bs[i].height;
55          return h;
56      }
57
58      int searchNum = 0; // 最终搜索的次数
59      int maxHeights[BRICKTYPENUM * 6]; // 存储以第i个积木块为底能垒出的最高高度
60      int previousBrickID[BRICKTYPENUM * 6]; // 存储以第i个积木块为底垒出最高
    高度后，其上面一个积木块的序号
61
62      // 用动态规划算法，找出最高的垒法
63      // 输入参数，所有的积木块bricks已经按照长、宽从小到大排序了
64      // 以第i个积木块为底垒出的最高高度，可以由下方公式推出
65      // maxHeights[i] = max(maxHeights[0], maxHeights[1], maxHeights[2],
    ..., maxHeights[i-1]) + bricks[i].height
```

```
66      // 返回以哪个序号的积木块为底，可以垒出最高高度
67      int PileUpDP(vector <Brick> bricks)
68      {
69          // 以下套用公式，求出所有以第i个积木块为底垒出的最高高度
70          for (int i = 0; i < bricks.size(); i++) // 对所有积木块从小到大遍历
71          {
72              // 以第i个积木块为底所能垒出的最高高度，先初始化为这个积木块的高度
73              maxHeights[i] = bricks[i].height;
74              // 存储以第i个积木块为底垒出最高高度后，其上面一个积木块的序号，
            初始化为-1
75              previousBrickID[i] = -1;
76              // 更新maxHeights[i] = max(maxHeights[0], maxHeights[1],
            maxHeights[2], ..., maxHeights[i-1]) + bricks[i].height
77              for (int j = 0; j <= i - 1; j++)  // j对前i-1个小积木块遍历
78              {
79                  searchNum++; // 搜索次数增加
80                  if (bricks[j].length < bricks[i].length && bricks[j].width
            < bricks[i].width) // 第j个积木块能放到第i个积木块上
81                  {
82                      int newH = maxHeights[j] + bricks[i].height; // 以第j个
            积木块为底垒出的最高高度 + 第i个积木块的高度
83                      if (maxHeights[i] < newH) // 如果新垒法高度更高，就更新
84                      {
85                          maxHeights[i] = newH; // 更新以第i个积木块为底可以
            垒出的最高高度
86                          previousBrickID[i] = j; // i积木块上面的积木块序号为j
87                      }
88                  }
89              }
90          }
91
92          // 以上求解结束，遍历，求出以第i个积木块为底能垒出最高积木块的序号
93          int maxH = 0; // 用来比较最高高度
94          int maxi = 0; // 用来记录序号
95          for (int i = 0; i < bricks.size(); i++)
96          {
97              if (maxH < maxHeights[i])
98              {
99                  maxH = maxHeights[i];
100                 maxi = i;
101             }
102         }
103
104         return maxi;  // 返回对应的积木块序号
105     }
106
107     int main()
108     {
109         Brick brickTypes[BRICKTYPENUM]; // 定义积木数组，一共BRICKTYPENUM种
110
```

```
111        // 设定5个初始积木的长、宽、高，假设都不一样
112        brickTypes[0] = generateBrick(40, 30, 10);
113        brickTypes[1] = generateBrick(35, 25, 45);
114        brickTypes[2] = generateBrick(60, 70, 20);
115        brickTypes[3] = generateBrick(50, 15, 5);
116        brickTypes[4] = generateBrick(65, 55, 45);
117
118        vector <Brick> AllBricks; // 每个积木通过旋转可得6种姿态，一共最多
    BRICKTYPENUM*6种
119        // 旋转生成所有的待处理积木，添加到AllBricks中
120        for (int i = 0; i < BRICKTYPENUM; i++)
121        {
122            AllBricks.push_back(generateBrick(brickTypes[i].length,
    brickTypes[i].width, brickTypes[i].height));
123            AllBricks.push_back(generateBrick(brickTypes[i].width,
    brickTypes[i].length, brickTypes[i].height));
124            AllBricks.push_back(generateBrick(brickTypes[i].width,
    brickTypes[i].height, brickTypes[i].length));
125            AllBricks.push_back(generateBrick(brickTypes[i].height,
    brickTypes[i].width, brickTypes[i].length));
126            AllBricks.push_back(generateBrick(brickTypes[i].length,
    brickTypes[i].height, brickTypes[i].width));
127            AllBricks.push_back(generateBrick(brickTypes[i].height,
    brickTypes[i].length, brickTypes[i].width));
128        }
129
130        sort(AllBricks.begin(), AllBricks.end()); // 从小到大排序
131
132        // 尝试用动态规划算法，找出最优解
133        int maxi = PileUpDP(AllBricks);   // 获得以哪块积木为底，能垒出最高
    的积木
134
135        // 输出垒出最高高度的所有积木块
136        printf("垒积木最高的方法（积木块从大到小）为：\n");
137        int t = maxi;
138        while (t >= 0 && previousBrickID[t] >= 0)
139        {
140            printf_s("长：%d 宽：%d 高：%d \n", AllBricks[t].length, AllBricks
    [t].width, AllBricks[t].height);
141            t = previousBrickID[t];
142        }
143        printf("总高度：%d \n", maxHeights[maxi]);
144
145        printf("最终搜索了%d次\n\n", searchNum);
146
147        _getch();
148        return 0;
149    }
```

运行 13-3-1.cpp，输出垒积木游戏的最优解如图13-10所示。

```
垒积木最高的方法（积木块从大到小）为：
长：60 宽：70 高：20
长：55 宽：65 高：45
长：45 宽：55 高：65
长：35 宽：45 高：25
长：30 宽：40 高：10
长：25 宽：35 高：45
长：10 宽：30 高：40
总高度：300
最终搜索了435次
```

图 13-10

对于5个积木的垒积木问题，13.2节的递归回溯算法会重复计算小规模问题的解，一共搜索了5万多次；而动态规划算法将小规模问题的解计算一次后存储起来，避免了重复计算，仅需搜索435次。

对于1000个积木的垒积木问题，13.2节的递归回溯算法无法在短时间内求解，而动态规划算法在1秒之内就找到了最优解，代码参见配套资源中的13-3-2.cpp，运行结果如图13-11所示。

```
总高度：1264320
最终搜索了17997000次
```

图 13-11

如果某一问题有很多重复的子问题，且较大规模问题的解可由较小规模问题的解推导出来，则可以尝试使用动态规划算法，避免重复计算，提升求解效率。动态规划算法的求解步骤如下：

1. 确定存储不同规模问题的解的数组元素dp[i]的含义（有的问题可能需用到多维数组）；
2. 确定由dp[i]推导出dp[j]（i<j）的递推公式；
3. 确定dp[]数组的初始化边界元素值；
4. 确定dp[]数组的遍历处理顺序。

读者可以利用上述步骤，再次设计利用动态规划求解垒积木问题的方法。

13.4 小结

本章主要讲解了垒积木游戏的实现，以及利用递归回溯、动态规划算法进行自动求解。

读者可以进一步完善游戏，实现积木种类逐渐增加的垒积木游戏，并将利用算法自动求解得到的最高高度作为目标值。

读者也可以尝试实现石子游戏，解决最长公共子序列问题、俄罗斯套娃信封问题等经典问题，进一步体会动态规划算法的强大。

第14章　十步万度

在本章中，我们将实现十步万度游戏。如图14-1所示，鼠标点击窗口中任意一个圆圈，其指针顺时针旋转90度，后续被指向的圆圈中的指针也依次旋转。玩家一共操作十步，如果旋转的角度之和达到一万度，游戏胜利。

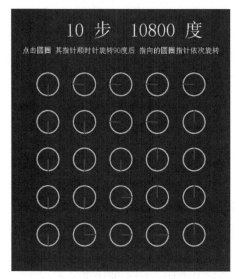

图 14-1

我们首先实现图形显示、鼠标交互的十步万度游戏，然后学习遗传算法，并应用于十步万度游戏的自动求解。

14.1　实现十步万度游戏

14.1.1　数据结构与画面显示

定义结构体Circle，存储带指针的圆圈，代码如下。

14-1-1.cpp

```
6    struct Circle
7    {
8        float x, y;
```

```
9        float r;
10       int angleIndex;
11   };
```

其中成员变量x、y存储圆心坐标，r存储圆的半径，angleIndex存储指针的角度序号，取值为0、1、2、3，angleIndex乘以PI/2为对应的四种角度值。

定义结构体二维数组circles，存储游戏中所有圆圈的信息，代码如下。

14-1-1.cpp

```
13   Circle circles[5][5];
```

在startup()函数中对circles进行初始化，初始angleIndex均为1，即角度为PI/2，指针指向正上方；在show()函数中，根据circles[i][j]中存储的角度值，利用三角函数计算相关参数，绘制出带红色指针的圆圈。完整代码参见14-1-1.cpp，运行效果如图14-2所示。

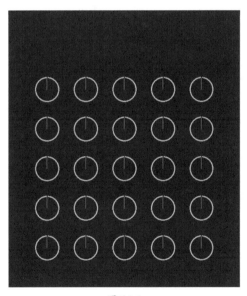

图 14-2

14-1-1.cpp

```
1    #include <graphics.h>
2    #include <math.h>
3    #define PI 3.1415926
4
5    // 定义结构体，存储带指针的圆圈的相关数据
6    struct Circle
7    {
8        float x, y; // 圆心坐标
```

```
9          float r; // 圆半径
10         int angleIndex;  // 对应的角度序号，取0、1、2、3，乘以PI/2即为对应
   的四种角度值
11     };
12
13     Circle circles[5][5]; // 结构体二维数组，存储游戏中的所有圆圈信息
14
15     void startup()  // 初始化函数
16     {
17         initgraph(600, 700); // 新建画面
18         setbkcolor(RGB(50, 50, 50)); // 设置背景颜色
19         setlinestyle(PS_SOLID, 3); //  设置线条样式、线宽
20
21         // 初始化5行5列共25个圆圈
22         for (int i = 0; i < 5; i++)
23         {
24             for (int j = 0; j < 5; j++)
25             {
26                 circles[i][j].x = 100 + j * 100; // 设定圆心坐标
27                 circles[i][j].y = 200 + i * 100;
28                 circles[i][j].r = 30; // 设定圆半径
29                 circles[i][j].angleIndex = 1; // 开始都指向上方，角度是PI/2
30             }
31         }
32         BeginBatchDraw(); // 开始批量绘制
33     }
34
35     // 绘制函数，显示静态效果
36     void show()
37     {
38         cleardevice(); // 清空背景
39         // 对所有圆圈遍历
40         for (int i = 0; i < 5; i++)
41         {
42             for (int j = 0; j < 5; j++)
43             {
44                 setlinecolor(RGB(200, 200, 200));  // 设置圆圈为灰白色
45                 circle(circles[i][j].x, circles[i][j].y, circles[i][j].r);
   // 画圆圈
46                 setlinecolor(RGB(255, 0, 0)); // 设置指针为红色
47                 float angle = circles[i][j].angleIndex * PI / 2; // 通过二
   维数组中存储的角度序号设定相应角度
48                 // 利用三角函数画出红色指针
49                 line(circles[i][j].x, circles[i][j].y,
50                     circles[i][j].x + circles[i][j].r * cos(-angle),
51                     circles[i][j].y + circles[i][j].r * sin(-angle));
52             }
53         }
54         FlushBatchDraw(); // 开始批量绘制
55     }
56
```

```
57    int main() // 主函数
58    {
59        startup(); // 初始化
60        while (1)  // 重复循环
61        {
62            show(); // 绘制
63        }
64        return 0;
65    }
```

14.1.2 鼠标交互与指针旋转

本节实现鼠标交互与指针旋转，完整代码参见配套资源中的14-1-2.cpp，扫描右侧二维码观看视频效果"14.1.2 鼠标交互与指针旋转"。

14.1.2 鼠标交互与指针旋转

添加update()函数，当鼠标左键点击一个圆圈时，首先获得它的行、列序号，代码如下。

14-1-2.cpp

```
64    void update()  // 更新函数
65    {
66        MOUSEMSG m;      // 定义鼠标消息
67        if (MouseHit())  // 如果有鼠标消息
68        {
69            m = GetMouseMsg(); // 获得鼠标消息
70            if (m.uMsg == WM_LBUTTONDOWN) // 如果按下鼠标左键
71            {
72                int clicked_i = int(m.y - 150) / 100; // 获得点击圆圈的行、
列序号
73                int clicked_j = int(m.x - 50) / 100;
74                rotateCircle(clicked_i, clicked_j); // 把当前圆圈中的指针顺时针
旋转90度
75                show(); // 绘制旋转后的静态效果
76                Sleep(300); // 暂停若干毫秒
77            }
78        }
79    }
```

14-1-2.cpp中第74行调用的rotateCircle()函数将所选圆圈中的指针顺时针旋转90度，rotateCircle()函数的定义如下。

14-1-2.cpp

```
15    void rotateCircle(int i, int j) // 将第i行j列的圆圈中的指针顺时针旋转90度
16    {
17        circles[i][j].angleIndex -= 1; // 角度序号减1
18        if (circles[i][j].angleIndex < 0) // 如果小于0，再变成3
```

```
19        circles[i][j].angleIndex = 3;
20    }
```

14-1-2.cpp 的运行效果如图 14-3 所示。

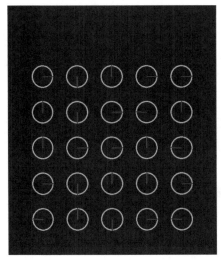

图 14-3

14.1.3　旋转传播与得分统计

14.1.3 旋转传播与得分统计

本节实现指针的旋转传播与得分统计，完整代码参见配套资源中的 14-1-3.cpp，扫描右侧二维码观看视频效果"14.1.3 旋转传播与得分统计"。

添加 GetNextIndexes() 函数，获得当前圆圈中的指针所指向的下一个圆圈的序号，代码如下。

14-1-3.cpp

```
25    // 获得当前圆圈indexes[]中的指针指向的下一个圆圈的行、列序号，也存储在
      数组indexes[]中
26    // 如果指向的是圆圈，函数返回1；如果指向边界，函数返回0
27    int GetNextIndexes(int indexes[2])
28    {
29        int i = indexes[0]; // 当前圆圈的行、列序号
30        int j = indexes[1];
31
32        // 根据当前圆圈的角度序号，获得指向的圆圈的行、列序号
33        if (circles[i][j].angleIndex == 0) // 指向右边的圆圈
34            j++;
35        else if (circles[i][j].angleIndex == 3) // 指向下边的圆圈
36            i++;
```

```
37          else if (circles[i][j].angleIndex == 2) // 指向左边的圆圈
38              j--;
39          else if (circles[i][j].angleIndex == 1) // 指向上边的圆圈
40              i--;
41
42          indexes[0] = i; // 更新指向的下一个圆圈的行、列序号
43          indexes[1] = j; //
44
45          if (i >= 0 && i < 5 && j >= 0 && j < 5) // 如果行、列没有越界
46              return 1; // 指向了一个圆圈，返回1
47          else
48              return 0; // 指向了边界，返回0
49      }
```

在update()函数中添加代码，当鼠标点击一个圆圈后，将其中的指针顺时针旋转90度，然后再将其指向的圆圈中的指针顺时针旋转90度，如此迭代运行，直到圆圈中的指针指向边界，代码如下。

14-1-3.cpp

```
107         if (m.uMsg == WM_LBUTTONDOWN && clickNum < 10) // 按下鼠标左键，且
        还没到10步
108         {
109             clickNum++; // 操作步数+1
110             int clicked_i = int(m.y - 150) / 100; // 获得所点击的圆圈的行、
        列序号
111             int clicked_j = int(m.x - 50) / 100;
112             rotateCircle(clicked_i, clicked_j); // 把当前圆圈中的指针顺时针
        旋转90度
113             show(); // 绘制旋转后的静态效果
114             Sleep(300); // 暂停若干毫秒
115
116             int indexes[2] = {clicked_i, clicked_j}; //用数组存储所点击的圆
        圈的行、列序号
117             while (GetNextIndexes(indexes)) // 指向下一个圆圈。若返回1，就
        一直重复执行
118             {
119                 rotateCircle(indexes[0], indexes[1]); // 将指向的下一个圆圈
        中的指针也顺时针旋转90度
120                 show(); // 绘制旋转后的静态效果
121                 Sleep(300); // 暂停若干毫秒
122             }
123         }
```

添加变量clickNum，记录鼠标点击操作过的步数，最多10步；添加变量totalAngle，存储所有圆圈中的指针旋转度数的和，目标为1万度；在show()函数中添加代码输出相关信息。14-1-3.cpp的运行效果如图14-4所示。

图 14-4

14.1.4 显示旋转过程动画

14.1.4　显示旋转过程动画

最后完善游戏效果。完整代码参见配套资源中的 14-1-4.cpp，扫描右侧二维码观看视频效果"14.1.4 显示旋转过程动画"。

添加 showAnim() 函数，将鼠标点击的圆圈高亮，并显示指针旋转的过程动画，在 update() 函数中进行调用，代码如下。

14-1-4.cpp

```
101    // 绘制函数，显示这个圆圈高亮、指针旋转的动画效果
102    void showAnim(int anim_i, int anim_j)
103    {
104        float angleLast, anlgeNext; // 指针动画前后的旋转角度
105        angleLast = circles[anim_i][anim_j].angleIndex * PI / 2; // 旋转前
    的指针角度
106        anlgeNext = angleLast - PI / 2; // 旋转后的指针角度
107
108        // 利用for语句，实现指针旋转动画的绘制
109        for (float angle = angleLast; angle >= anlgeNext; angle = angle - 0.1)
110        {
111            // 清空要显示旋转动画的矩形区域
112            clearrectangle(circles[anim_i][anim_j].x - circles[0][0].r,
    circles[anim_i][anim_j].y - circles[0][0].r,
113                circles[anim_i][anim_j].x + circles[0][0].r, circles
    [anim_i][anim_j].y + circles[0][0].r);  //画圆圈
114
115            setlinecolor(RGB(220, 180, 50));  //设置当前旋转的圆圈为黄色，
    高亮显示
116            circle(circles[anim_i][anim_j].x, circles[anim_i][anim_j].y,
    circles[anim_i][anim_j].r); // 画圆圈
```

```
117
118            setlinecolor(RGB(255, 0, 0)); // 设置指针为红色
119            // 画出当前角度对应的指针
120            line(circles[anim_i][anim_j].x, circles[anim_i][anim_j].y,
121                    circles[anim_i][anim_j].x + circles[anim_i][anim_j].r*
    cos(-angle),
122                    circles[anim_i][anim_j].y + circles[anim_i][anim_j].r*
    sin(-angle));
123
124            FlushBatchDraw(); // 开始批量绘制
125            Sleep(25); // 暂停若干毫秒
126        }
127    }
```

14-1-4.cpp 的运行效果如图 14-5 所示。

图 14-5

14.2　遗传算法基础

　　使用计算机求解十步万度游戏，我们首先可以想到暴力搜索。游戏中一共有5行5列共25个圆圈，每次点击25个圆圈中的一个，一共点击10次，则一共需要遍历 $25^{10} = 95,367,431,640,625$ 种操作方法。如果计算机1秒可以尝试10万种操作方法，则一共需要30年才能处理完。如果游戏增加到6行6列共36个圆圈，则一共需要处理1159年。

　　对于这种穷举法无法有效求解的问题，可以采用具有随机性的启发式方法。比如要寻找一个问题的最优解，可将其可视化为寻找函数曲线上的最小

值，如图14-6所示。

图 14-6

　　由于问题规模过大，无法穷举遍历曲线上的所有点。因此，可以在曲线上随机取一个点，然后在其周围进行搜索，如图14-7所示。

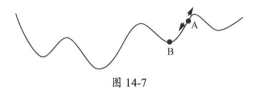

图 14-7

　　这种方法搜索到的结果和随机初值的位置相关，假如图14-7中初值选取在A点，利用类似贪婪最佳优先的搜索策略，最终将找到B点，陷入到了局部最优解，无法找到问题的全局最优解。

　　为了提高找到全局最优解的概率，可以设定多个随机初值，分别优化求解，如图14-8所示。

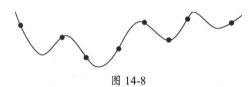

图 14-8

　　进一步改进方法，在搜索的过程中加入一些扰动，使其能够跳出局部最优；也可以利用找到的较好的解，帮助其他解的搜索。

　　不同的搜索策略，产生了遗传算法、模拟退火、蚁群算法、粒子群算法等众多的随机演化算法。其中遗传算法以达尔文进化论、孟德尔遗传变异理论为基础，将生物进化过程中的繁殖、变异、竞争、选择策略引入算法中，算法流程如图14-9所示。

　　为了模拟生物的进化过程，首先定义基因组为解的对应编码，可以使用数组或字符

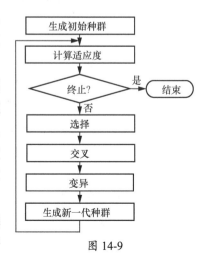

图 14-9

串的形式，基因组对应的个体表示问题的一个可行解。

遗传算法中的种群模拟生物种群，由若干个体组成，是可行解的集合。

个体的适应度，可以作为可行解优劣程度的一种度量。

遗传算法中的选择，模拟生物进化的自然选择过程，从当前种群中依据适应度，按一定策略选择一些个体加入下一代种群，或者作为下一代种群个体的父母。

遗传算法中的交叉，模拟生物繁殖遗传的原理，将父母个体的基因组进行局部交叉复制，生成新的后代个体。

遗传算法中的变异，模拟生物基因变异的过程，按一定的概率改变个体的基因组编码。

遗传算法从随机的个体种群开始，一代一代处理。在每一代中，计算整个种群的适应度。若满足适应度要求，遗传算法结束；若未满足适应度要求，则从当前种群个体中，通过选择、交叉和变异产生新的种群。

14.3　基于遗传算法自动求解十步万度游戏

本节讲解如何基于遗传算法自动求解十步万度游戏。

首先定义结构体，描述遗传算法中个体的基因组：

14-3.cpp

```
11    struct Genome
12    {
13        int loc[CLICKNUM][2];
14        int score;
15        bool operator < (const Genome& g) const
16        {
17            if (score < g.score)
18                return true;
19            else
20                return false;
21        }
22    };
```

在上方代码中，loc[][]存储每次点击的圆圈的行、列序号，即对十步万度游戏的一个可行解进行编码；score存储这个基因组的适应度得分，即所有圆圈中指针旋转的总度数；重载"<"运算符，用于选择操作时对基因组按得分大小进行排序。

利用Genome类型的vector，定义当前种群、下一代种群，代码如下。

14-3.cpp

| 27 | vector <Genome> currentPopulation, nextPopulation; |

定义函数GeneratePopulation()，生成初始的随机种群，即在每个个体中随机点击圆圈的行、列序号，代码如下。

14-3.cpp

| 57 | void GeneratePopulation(vector <Genome>& population); |

定义函数ComputeScore()，计算一个基因组的得分，即该解法下所有圆圈中的指针旋转的总度数，等于所有圆圈中的指针旋转的总次数乘以90，代码如下。

14-3.cpp

| 74 | void ComputeScore(Genome& gen); |

定义函数UpdateScores()，调用ComputeScore()计算种群中所有个体的得分，代码如下。

14-3.cpp

| 99 | void UpdateScores(vector <Genome>& population); |

定义函数Selection()，按照轮盘抽奖的方式从种群中随机选出作为父母的个体，代码如下。

14-3.cpp

| 126 | Genome Selection(vector <Genome> population); |

轮盘抽奖的实现原理如图14-10所示。

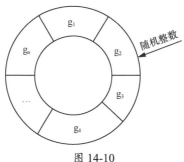

图 14-10

将每个扇形的角度范围对应为每个个体的得分，得分越高的个体在轮盘上对应的角度范围越大。生成一个从0到所有个体得分之和的随机整数，随机整数对应的扇形，即为随机选中的个体。

从轮盘抽奖的原理可以知道，某一个体被选中的概率＝当前个体得分/所有个体总得分。个体得分越高，被选中的概率越高。

定义函数Mutate()，以一定概率让个体的基因组发生变异，即选中某次点击的圆圈，变成点击邻接的一个圆圈，代码如下。

14-3.cpp

```
147    void Mutate(Genome& gen);
```

定义函数CrossOver()，交换父母的部分基因，即交换两个个体二维数组loc[][]的部分数据，实现交叉操作，代码如下。

14-3.cpp

```
177    void CrossOver(Genome& parent1, Genome& parent2);
```

利用遗传算法求解十步万度游戏的伪代码如下。

```
1    GeneratePopulation()产生初始随机种群
2    UpdateScores()计算当前种群中所有个体的得分
3    while 最高得分*90 < 1万度
4        UpdateScores()计算当前种群中所有个体的得分
5        把得分最高的20%个体加入下一代种群
6        对于另外80%的名额，Selection()用轮盘抽奖方式随机选取父母个体
7        CrossOver()将父母基因组交叉，产生新个体
8        Mutate()将新个体基因按一定概率变异，之后加入下一代种群
```

完整代码参见配套资源中的14-3.cpp，图14-11给出了求解过程中部分代际种群的最高度数、最佳操作步骤，可以看出遗传算法逐渐找到了满足十步万度要求的解。

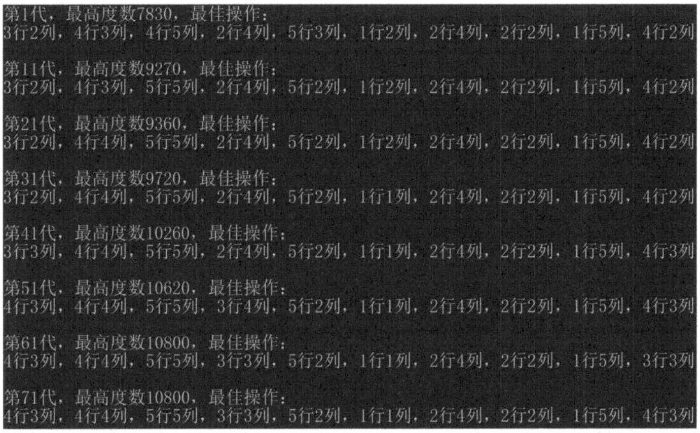

图 14-11

扫描右侧二维码观看视频效果"14.3 基于遗传算法自动求
解十步万度游戏",其中展示了按照遗传算法求解出的操作步
骤完成十步万度的游戏目标。

14.3 基于遗传
算法自动求解
十步万度游戏

14-3.cpp

```cpp
1   #include <conio.h>
2   #include <vector>
3   #include <algorithm>
4   #include <time.h>
5   using namespace std;
6
7   // 点击操作的步数
8   # define CLICKNUM 10
9
10  // 遗传算法的基因组的结构体
11  struct Genome
12  {
13      int loc[CLICKNUM][2];  // 存储CLICKNUM次点击的位置,即对应圆圈的
    行、列序号
14      int score; // 这个基因组的得分,即所有圆圈中指针旋转的总度数,等于
    所有圆圈中指针旋转的总次数乘以90
15
16      // 重载<运算符,用于对结构体按得分大小排序
17      bool operator < (const Genome& g) const
18      {
19          if (score < g.score)
20              return true;
21          else
22              return false;
23      }
24  };
25
26  const int populationNum = 100; // 种群中个体的数量,为了方便处理设为偶数
27  vector <Genome> currentPopulation, nextPopulation; // 当前一代和下一代
    的种群
28  int bestScore = 0; // 记录最佳得分
29
30  // 获得当前圆圈indexes[]中指针指向的下一个圆圈的行、列序号,也存储在数
    组indexes[]中
31  // 如果指向的是圆圈,函数返回1;如果指向边界,函数返回0
32  int GetNextCircleIndexes(int circles[5][5], int indexes[2])
33  {
34      int i = indexes[0]; // 当前圆圈的行、列序号
35      int j = indexes[1];
36
37      // 根据当前圆圈的角度序号,获得指向的圆圈的行、列序号
38      if (circles[i][j] == 0) // 指向右边的圆圈
39          j++;
40      else if (circles[i][j] == 3) // 指向下边的圆圈
```

```
41              i++;
42          else if (circles[i][j] == 2) // 指向左边的圆圈
43              j--;
44          else if (circles[i][j] == 1) // 指向上边的圆圈
45              i--;
46
47          indexes[0] = i; // 更新指向的下一个圆圈的行、列序号
48          indexes[1] = j; //
49
50          if (i >= 0 && i < 5 && j >= 0 && j < 5) // 如果行、列没有越界
51              return 1; // 指向了一个圆圈，返回1
52          else
53              return 0; // 指向了边界，返回0
54      }
55
56      // 随机生成populationNum数目个体的种群
57      void GeneratePopulation(vector <Genome>& population)
58      {
59          population.clear(); // 首先清空
60          for (int id = 0; id < populationNum; id++)
61          {
62              Genome gen;
63              for (int i = 0; i < CLICKNUM; i++)
64              {
65                  // 第i步操作，随机生成点击圆圈的行、列序号
66                  gen.loc[i][0] = rand() % 5;
67                  gen.loc[i][1] = rand() % 5;
68              }
69              population.push_back(gen);
70          }
71      }
72
73      // 计算一个基因组的得分，即所有圆圈中指针旋转的总度数，等于所有圆圈中
        指针旋转的总次数乘以90
74      void ComputeScore(Genome& gen)
75      {
76          // 存储所有圆圈对应的角度序号，取0、1、2、3，乘以PI/2即为对应的四
        种角度值
77          int circles[5][5];
78          // 初始化为全部为1，开始都指向上方，角度是PI/2
79          for (int i = 0; i < 5; i++)
80              for (int j = 0; j < 5; j++)
81                  circles[i][j] = 1;
82
83          gen.score = 0;  // 得分初始化为0
84          for (int k = 0; k < CLICKNUM; k++) // 一共点击CLICKNUM次圆圈
85          {
86              int indexes[2]={gen.loc[k][0],gen.loc[k][1]}; // 数组存储所点
        击的圆圈的行、列序号
87              do
```

```
88              {
89                      // 先旋转当前要点击的圆圈中的指针
90                      circles[indexes[0]][indexes[1]] -= 1; // 角度序号减1
91                      if (circles[indexes[0]][indexes[1]] < 0) // 如果小于0，再
        设为3
92                          circles[indexes[0]][indexes[1]] = 3;
93                      gen.score += 1; // 圆圈中的指针旋转了一次，得分加1
94              } while (GetNextCircleIndexes(circles, indexes)); // 获得指向
        的下一个圆圈，如果返回1，就一直重复执行下去
95          }
96      }
97
98      // 更新种群中每一个个体的得分
99      void UpdateScores(vector <Genome>& population)
100     {
101         for (int i = 0; i < population.size(); i++)
102             ComputeScore(population[i]);
103     }
104
105     // 输出迭代次数、种群中个体的最高得分，以及最高得分所对应的操作方法
106     void PrintBestScore(int n, vector <Genome> population)
107     {
108         int bestId = 0;
109         for (int i = 0; i < population.size(); i++) // 找到种群中最高得分
        个体的序号
110             if (bestScore < population[i].score)
111             {
112                 bestScore = population[i].score;
113                 bestId = i;
114             }
115
116         printf_s("第%d代，最高度数%d，最佳操作: \n", n, bestScore * 90);
117         printf_s("");
118         // 为了方便用户参考操作，行、列序号加1
119         for (int i = 0; i < CLICKNUM; i++)
120             printf_s("%d行%d列, ", population[bestId].loc[i][0] + 1,
        population[bestId].loc[i][1] + 1);
121         printf_s("\n\n");
122     }
123
124     // 根据分数，按照轮盘抽奖的方式，从种群中随机选出一个作为父母个体
125     // 某一个体选中概率=当前个体得分/所有个体总得分；个体得分越高，被选中
        的概率越高
126     Genome Selection(vector <Genome> population)
127     {
128         // 首先计算所有个体的总得分
129         int totalScore = 0;
130         for (int i = 0; i < population.size(); i++)
131             totalScore += population[i].score;
132
```

```
133        int r = rand() % totalScore + 1; // 生成1到totalScore的随机整数
134
135        int id = 0; // 要随机选择的基因组的序号
136        int nowTotalScore = 0; // 累加到现在的得分和
137        while (nowTotalScore < r) // 当累加和还没有达到随机整数时
138        {
139            nowTotalScore += population[id].score; // 加上当前基因组的得分
140            id++; // 选择的基因组序号加1
141        }
142
143        return  population[id - 1]; // 这个就是轮盘抽奖选中的父母个体
144    }
145
146    // 变异函数，以一定概率让gen发生变异，即改变所点击的圆圈的位置
147    void Mutate(Genome& gen)
148    {
149        int isMutate = rand() % 8;
150        if (isMutate < 1) // 八分之一的概率变异
151        {
152            // 选一个点击圆圈操作的随机序号
153            int id = rand() % CLICKNUM;
154            int i = gen.loc[id][0]; // 当前操作点击的圆圈的行、列序号
155            int j = gen.loc[id][1];
156
157            // 随机变为点击上/下/左/右的相邻圆圈
158            int neibour = rand() % 4; // 随机选一个方向
159            if (neibour == 0) // 变为右边的圆圈
160                j++; // right
161            else if (neibour == 3) // 变为下边的圆圈
162                i++; // down
163            else if (neibour == 2) // 变为左边的圆圈
164                j--; // left
165            else if (neibour == 1) // 变为上边的圆圈
166                i--; // up
167
168            if (i >= 0 && i < 5 && j >= 0 && j < 5) // 如果序号没有越界，
    才真正变异，修改对应的值
169            {
170                gen.loc[id][0] = i; // 当前操作点击的圆圈的行、列序号
171                gen.loc[id][1] = j;
172            }
173        }
174    }
175
176    // 交叉函数，交换两个父母的部分基因
177    void CrossOver(Genome& parent1, Genome& parent2)
178    {
179        int r = rand() % CLICKNUM; // 随机交换的位置
180        Genome temp = parent1;  // 复制一份
181        // 仅交换parent1和parent2前r个基因，即实现了交叉
```

```
182        for (int i = 0; i < r; i++)
183        {
184            parent1.loc[i][0] = parent2.loc[i][0];
185            parent2.loc[i][0] = temp.loc[i][0];
186        }
187    }
188
189    int main() // 主函数
190    {
191        srand((unsigned)time(NULL)); // 初始化随机种子
192
193        // 初始随机生成populationNum数目个体的种群
194        GeneratePopulation(nextPopulation);
195
196        int iterationNum = 1; // 记录代数
197        // 如果没有达到一万度或者没有迭代满150次，则循环
198        while (bestScore * 90 < 10000 || iterationNum <= 150)
199        {
200            currentPopulation = nextPopulation; // 设定这一代的种群
201
202            // 更新种群中每一个个体的得分
203            UpdateScores(currentPopulation);
204
205            // 输出迭代次数、种群中个体的最高得分、对应操作方法
206            PrintBestScore(iterationNum, currentPopulation);
207
208            // 将种群中的个体按得分从小到大排序
209            sort(currentPopulation.begin(), currentPopulation.end());
210
211            nextPopulation.clear(); // 先清空下一代种群
212            // 把这一代得分最高的20%的个体直接添加到下一代种群中
213            for (int i = populationNum * 0.8; i < populationNum; i++)
214            {
215                nextPopulation.push_back(currentPopulation[i]);
216                Mutate(nextPopulation[nextPopulation.size() - 1]); // 以一
    定概率变异
217            }
218
219            // 对于剩下的80%的名额，在上一代中按轮盘抽奖方式随机选择父母个体
220            // 交叉生成后代，再按一定概率变异，生成的个体也添加到下一代种群
221            while (nextPopulation.size() < populationNum)
222            {
223                // 轮盘抽奖选两个父母
224                Genome g1 = Selection(currentPopulation);
225                Genome g2 = Selection(currentPopulation);
226
227                // 交叉函数，得到父母的后代
228                CrossOver(g1, g1);
229
230                // 以一定概率变异后代
```

```
231            Mutate(g1);
232            Mutate(g2);
233
234            // 将这两个变异个体加入下一代的种群
235            nextPopulation.push_back(g1);
236            nextPopulation.push_back(g2);
237        }
238
239        iterationNum++; // 代际数加1
240    }
241
242    _getch();
243    return 0;
244 }
```

14.4 小结

本章主要讲解了十步万度游戏的实现，以及利用遗传算法进行自动求解。

读者也可以利用本章所学的知识，尝试利用遗传算法实现飞翔的小鸟、贪吃蛇、走迷宫、滑动拼图等游戏的自动求解。